3ds Max
2017 中文全彩铂金版
案例教程

石卉　（法）艾利克斯　李龙 / 主编
熊海　关瑞笑 / 副主编

中国青年出版社
CHINA YOUTH PRESS

中青雄狮

图书在版编目（CIP）数据

3ds Max 2017中文全彩铂金版案例教程/石卉，（法）艾利克斯，李龙主编.
— 北京：中国青年出版社，2018.1
ISBN 978-7-5153-4933-6

I.①3… II.①石… ②艾… ③李… III.①三维动画软件–教材
IV.①TP391.414

中国版本图书馆CIP数据核字（2017）第241743号

策划编辑　张　鹏
责任编辑　张　军

3ds Max 2017中文全彩铂金版案例教程
石卉　（法）艾利克斯　李龙／主编
熊海　关瑞笑／副主编

出版发行：	中国青年出版社
地　　址：	北京市东四十二条21号
邮政编码：	100708
电　　话：	（010）50856188/50856199
传　　真：	（010）50856111
企　　划：	北京中青雄狮数码传媒科技有限公司
印　　刷：	湖南天闻新华印务有限公司
开　　本：	787 x 1092 1/16
印　　张：	12.5
版　　次：	2018年5月北京第1版
印　　次：	2018年5月第1次印刷
书　　号：	ISBN 978-7-5153-4933-6
定　　价：	69.90元（附赠1DVD，含语音视频教学+案例素材文件+PPT电子课件+海量实用资源）

本书如有印装质量等问题，请与本社联系　　　电话：（010）50856188/50856199
读者来信：reader@cypmedia.com　　　　　　投稿邮箱：author@cypmedia.com
如有其他问题请访问我们的网站：http://www.cypmedia.com

Preface 前言

首先，感谢您选择并阅读本书。

软件简介

3ds Max是Autodesk公司开发的一款基于PC系统的三维动画制作软件，自问世以来，凭借其强大的建模、材质、灯光、特效和渲染等功能，以及人性化的操作方式，被广泛应用于影视包装、建筑表现、工业设计以及游戏动画等诸多领域，深受国内外设计师和三维爱好者的青睐。目前，我国很多大中专院校和培训机构的艺术专业都将3ds Max作为一门重要的专业课程。

内容提要

本书以理论知识结合实际案例操作的方式编写，分为基础知识和综合案例两大部分。

基础知识部分的内容安排，为了避免学习理论知识后，实际操作软件时仍然面临无从下手的尴尬，我们在介绍软件的各个功能时，会根据所介绍功能的重要程度和使用频率，以具体案例的形式拓展读者的实际操作能力。每章内容学习完成后，还会有具体的案例来对本章所学内容进行综合讲解，使读者可以快速熟悉软件功能和设计思路。通过课后练习内容的设计，使读者对所学知识进行巩固加深。

在综合案例部分，案例的选取思路是根据3ds Max的几大功能特点，有针对性、代表性和侧重点，并结合实际工作中的应用进行选择的。通过对这些实用性案例的学习，使读者真正达到学以致用的目的。

为了帮助读者更加直观地学习本书，随书附赠的光盘中不但包含了书中全部案例的素材文件，方便读者更高效地学习；还配备了所有案例的多媒体有声视频教学录像，详细地展示了各个案例效果的实现过程，扫除初学者对新软件的陌生感。

使用读者群体

本书既可作为了解3ds Max各项功能和最新特性的应用指南，也可作为提高用户设计和创新能力的指导，适用读者群体如下：

● 各高等院校刚刚接触3ds Max的莘莘学子。
● 各大中专院校相关专业及培训班学员。
● 从事三维动画设计和制作相关工作的设计师。
● 对3ds Max三维动画制作感兴趣的读者。

本书在写作过程中力求谨慎，但因时间和精力有限，不足之处在所难免，敬请广大读者批评指正。

编　者

Contents 目录

Part 01 基础知识篇

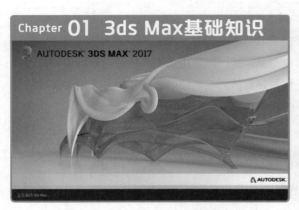

Chapter 03 建模技术

Chapter 04 材质与贴图

Chapter 05 摄影机与灯光

Chapter 06 环境和效果

Chapter **07** 渲染和动画

Part 02 综合案例篇

Chapter 08 电风扇模型的制作

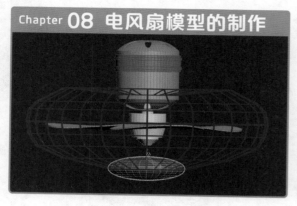

Chapter 09 家装卧室的表现

Chapter 10 室外建筑的表现

Chapter 11 秋千动画的制作

Part 01

基础知识篇

前7章是基础知识篇，主要对3ds Max 2017各知识点的概念及应用进行详细介绍，熟练掌握这些理论知识，将为后期综合应用中大型案例的学习奠定良好的基础。

Chapter 01　3ds Max基础知识

本章概述

本章将对3ds Max软件进行初步介绍，使读者对该软件的主要功能及应用领域有一个整体的认知。然后对3ds Max的文件操作、主界面的组成部分、视口操作、系统常规参数设置等进行了详细介绍。

核心知识点

❶ 了解3ds Max的功能概述
❷ 知道3ds Max的应用领域
❸ 熟悉3ds Max的用户界面
❹ 掌握3ds Max系统的常规设置
❺ 掌握用户界面的自定义设置

1.1　认识3ds Max

　　3D Studio Max，一般简称为3ds Max或MAX，是Autodesk公司开发的一款基于PC系统的三维动画渲染和制作软件。它的前身是基于DOS操作系统的3D Studio软件，在Discreet 3Ds max 7后，正式更名为Autodesk 3ds Max。由于其拥有友好的工作界面，易于上手和学习，受到广大三维动画制作用户的追捧，下图为Autodesk 3ds Max 2017的启动界面。

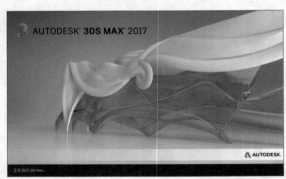

1.1.1　3ds Max功能概述

　　3ds Max因其强大的功能，被广泛应用于多个行业，不同行业除了在制作流程和分工上有些许差别外，通常情况下一个完整的工作流程大致都包括建模、材质设计、创建摄像机与灯光、创建动画、添加特效、渲染出图等几步，这也正是3ds Max的主要功能，下面分别进行介绍。

1. 建模

　　3ds Max无论被用于何种行业，项目制作流程的第一步都是创建场景模型。建模就如同现实生活中打地基一样，后续的一切工作都是在模型的基础上开展，故做出好的、符合项目要求的模型至关重要。3ds Max提供了多种建模方法，用户可以根据自己的操作习惯或项目需求进行选择。

2. 材质设计

　　模型创建好后，就需要为其赋予材质，材质控制模型的曲面外观，模拟真实的物理质感。而模型的物理属性，需要通过为其设置合适的材质纹理来体现。恰当的材质纹理能为模型锦上添花，所以无论是贴图的选择还是材质的调整，通常情况下都需要用户反复测试调整。

3. 创建摄影机与灯光

如果说材质为场景模型赋予面貌，那么灯光可以给予模型灵魂。灯光的创建与项目需求和摄影机的角度有一定的关系，所以一般需要先为场景创建合适的摄影机。3ds Max提供了三种摄影机类型，用户可以根据需要进行选择。

4. 创建动画

动画作为3ds Max的核心功能之一，在游戏、电影以及广告领域的应用较为广泛。用户在使用3ds Max制作动画时，实际上就是充当传统动画中原画师的角色，在3ds Max中通过设置关键帧并利用常用的动画工具控件来创建和编辑动画。

5. 添加特效

3ds Ma提供了多种特效供用户完善作品，好的特效能更加有力地突显主题、渲染氛围，是画面表现的有力补充与修饰，比如，用户可以根据需求为场景添加光晕、雾效、模糊、景深等效果。

6. 渲染出图

渲染出图是3ds Max制作流程的最后一步，也是前期工作的最终表现。在进行渲染时，用户会发现需要选择合适的渲染器，除了3ds Max本身所提供的一些渲染器外，用户还可以根据作品类型以及各种渲染器的特点选择适当的渲染器。

1.1.2 3ds Max的应用领域

Autodesk 3ds Max是一款强大的三维动画制作软件，随着版本的不断升级，功能也越来越强大、完善，吸引了越来越多用户的青睐，并在诸多应用领域有着举足轻重的地位。3ds Max被广泛应用于影视包装、建筑表现、工业设计、游戏动画、广告设计、多媒体制作等众多领域。

1. 影视栏目包装

在影视栏目包装行业中，利用3ds Max可以制作出现实世界中无法存在的场景或特效，从而使影视效果更加震撼完美，如下左图所示为央视水墨画广告视频。

2. 建筑表现

近年来，在室内表现和室外园林设计行业涌现出大量应用3ds Max 制作的优秀作品。在建筑表现方面，3ds Max除了可以创建静态效果图，还可以制作三维动画或者虚拟现实的效果，如下右图所示为丝路公司的建筑表现动画单帧。

3. 工业设计

在汽车、机械制造、产品包装设计等行业内，可以利用3ds Max来模拟创建产品外观造型，或制作产品宣传动画，如下左图所示为某汽车产品表现。

4. 游戏动画

在游戏或动画行业中，可以利用3ds Max来制作游戏或动画中的场景对象、角色模型、场景动画等，从而展现出魔幻美丽的游戏人物或动画场景，如下右图所示为迪士尼动画《疯狂动物城》的画面。

1.1.3　3ds Max的文件操作

在对3ds Max的功能和应用领域有了一个整体的认知之后，读者一定迫不及待地想要进入3ds Max的神奇世界。在进行具体创作之前，先从3ds Max文件操作入手，学习如何新建、重置、打开、保存、导入、导出文件等基本操作，来逐步学习3ds Max吧！

用户安装注册好3ds Max软件后，双击桌面快捷图标就可以打开该软件程序，这时单击界面左上角的3ds Max应用程序图标按钮，即可显示文件管理命令列表，如下图所示。

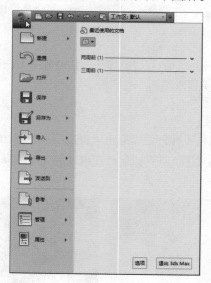

1. 新建与重置文件

在3ds Max中，用户通过选择"应用程序"菜单下的"新建"命令，可以在清除当前场景的内容，并保持当前任务和UI设置的基础上创建一个新的工程文件。

而选择"重置"命令，则可将3ds Max会话重置到默认样板，并在不改动界面相关布置的情况下重新创建一个文件。

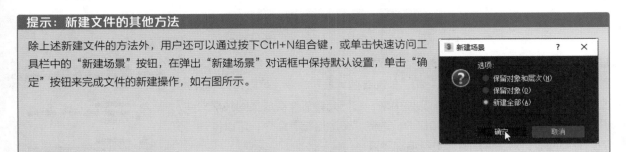

提示：新建文件的其他方法

除上述新建文件的方法外，用户还可以通过按下Ctrl+N组合键，或单击快速访问工具栏中的"新建场景"按钮，在弹出"新建场景"对话框中保持默认设置，单击"确定"按钮来完成文件的新建操作，如右图所示。

2. 打开文件

在3ds Max中，用户可以通过选择"应用程序"菜单下的"打开"命令，或单击快速访问工具栏中的"打开文件"按钮来打开工程文件。此外，双击需要打开的Max文件，或者将文件直接拖曳到3ds Max的桌面图标上，都可以达到打开Max文件的目的。

3. 保存文件

在3ds Max中，选择"应用程序"菜单下的"保存"或"另存为"命令，在弹出的"文件另存为"对话框中，用户可以设置文件的保存位置、文件名、保存类型等相关内容，进行文件的存储操作。

用户若想在第三方电脑上继续进行文件的加工处理，或是与其他用户交换场景，就需要保证3ds Max文件所用的位图等外部资源不被丢失。这时候用户需要单击"应用程序"菜单下"另存为"命令后的三角按钮，在打开的级联菜单中选择"归档"命令，在弹出的"文件归档"对话框中进行相应的设置，将当前3ds Max文件和所有相关资源压缩到一个ZIP文件中。

4. 导入、导出文件

在3ds Max中，用户可以借助一些外部场景或其他程序文件来进行作品的创作，提高工作效率。这些外部文件既可以是.max文件，也可以是一些第三方应用程序的文件，如CAD图纸或AI格式的文件。这时用户可以通过"导入"命令来完成文件的导入，如下左图所示。同样也可以应用"导出"命令，导出场景对象以供其他程序使用，如下右图所示。

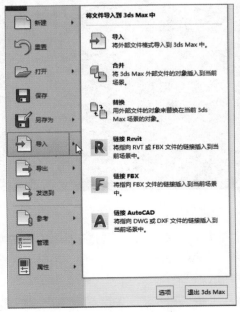

5. 参考

单击"应用程序"菜单下"参考"命令后的三角按钮，可以打开其后的级联菜单，其中较为常用的有"外部参照对象"、"外部参照场景"和"资源追踪"三个命令。"外部参照对象"和"外部参照场景"命令，可以将外部 MAX 文件中的对象或场景引用到工程文件中来，它们允许工作组成员间共享文件，并利于外部文件的更新、修改和保护；选择"资源追踪"命令，可以打开"资源追踪"面板，对文件的资源进行追踪管理。

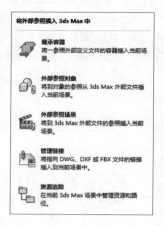

1.2 3ds Max的用户界面

在利用3ds Max进行作品创作的过程中，需要应用软件中的许多命令和工具，而在应用这些命令和工具之前，用户需要了解和熟悉它们的来源以及调用方法，故本节将对3ds Max 2017的界面组成、界面操作、视图操作等内容进行详尽介绍，并教会用户如何设置自己的工作界面和相关系统参数。

1.2.1 主界面组成

在3ds Max 2017中，主界面一般由菜单栏、命令面板、主工具栏、功能区、场景浏览器、视口、状态栏以及各种控制区组成，下图为3ds Max 2017的用户默认界面。

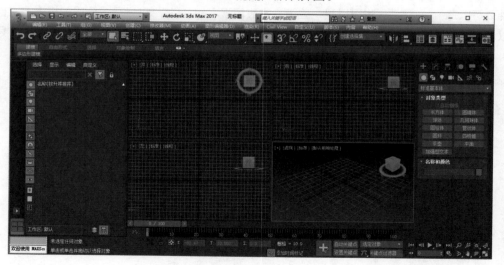

1. 标题栏、快速访问工具栏及信息中心

在3ds Max主窗口的最上方，标题栏标明工程文件的名称，快速访问工具栏在标题栏的左侧，提供一些最常用的文件管理命令以及"撤销"和"重做"命令，信息中心在标题栏的右侧，用户可以通过它访问有关 3ds Max 和其他 Autodesk 产品的信息，如下图所示。

2. 菜单栏

菜单栏位于标题栏和快速访问工具栏的下方，和许多在Windows操作系统下运用的程序相同，菜单栏中几乎包括了操作该软件程序的所有命令，是大多数命令的默认来源。每个菜单的标题表明该菜单上命令的大致用途，如下图所示。单击菜单名称时，即可打开级联菜单或多级级联菜单。

编辑(E)　工具(T)　组(G)　视图(V)　创建(C)　修改器(M)　动画(A)　图形编辑器(D)　渲染(R)　Civil View　自定义(U)　脚本(S)　内容　帮助(H)

3. 命令面板

命令面板位于3ds Max界面的右侧，由创建、修改、层次、运动、显示和实用程序6个子面板组成，它是3ds Max程序软件最常用命令的集合，是用户界面最重要的组成部分之一，需要花费较多的时间熟悉和学习它，如右图所示。

在命令面板中，"创建"和"修改"面板较为常用。"创建"命令面板中包含了几何体、图形、灯光、摄影机、辅助对象、空间扭曲和系统7个子面板，并且与"修改"面板一样都存在下拉列表，单击"创建"或"修改"面板右上方的下拉按钮，即可展开下拉列表，应用相关的功能命令。场景对象的大多数属性都可以在"修改"面板中进行相应的设置操作。

4. 主工具栏

在3ds Max中，一些常用的工具被分类放置在主工具栏中，并拥有特定的名称，主工具栏位于用户界面顶部，方便用户调用。在主工具栏中，单击右下方带有三角标志的按钮，会弹出下拉列表，显示更多的工具命令供用户选择使用，如下图所示。

提示：如何查看全部工具

在使用3ds Max时，用户会发现当主工具栏尺寸与屏幕不匹配时，工具栏里的工具并不能全部显示，这时可以将鼠标放在主工具栏的空白处，当光标变为一个小手形状时，按住鼠标左键来回滑动，查看全部的工具，如下图所示。

5. 功能区

3ds Max的功能区位于主工具栏的下方，包含"建模"、"自由形式"、"选择"、"对象绘制"、"填充"等选项卡。功能区含有许多非常好用的选项和工具，供用户使用，如下图所示。单击主工具栏里的"切换功能区"按钮，可以显示和隐藏功能区。

6. 场景资源管理器

场景资源管理器位于3ds Max用户界面的左侧，包含场景中所有对象的目录，用于查看和编辑对象属性、根据不同条件选择对象、创建和修改对象层或层次。默认情况下场景资源管理器占用较大的界面空间，一般可以将其隐藏，在需要的时候再显示出来。

用户可以单击主工具栏里的"切换场景资源管理器"按钮，显示或隐藏资源管理器。但首次单击该按钮时，并不能将界面左侧默认的资源管理器关闭，而是弹出另一级别的场景资源管理器窗口。

7. 视口

视口占据3ds Max操作窗口的大部分区域，所有对象的创建、编辑操作都在视口中进行。默认情况下会有顶、前、左、透视4个视图窗口。

8. 其他

在用户界面的下方，还存在有轨迹栏、状态栏和提示行、动画控件和时间配置、视口导航控件等，通过这些工具，用户可以更好地创建和管理场景，如下图所示。

- **轨迹栏**：含有显示帧数的时间轴，以及"打开迷你曲线编辑器"按钮，用户可以在该区域内创建和修改关键帧，下图为迷你曲线编辑器。

- **状态栏和提示行**：提供当前场景的提示和状态信息，包含"孤立当前选择切换"、"选择锁定切换"、"绝对或偏移模式变换输入"按钮。其右侧是坐标显示区域，用户可以在此输入绝对或偏移变化值。

用户除了单击界面下方状态栏中的"孤立当前选择切换"、"选择锁定切换"按钮进行对象的孤立与锁定外，还可以按下Alt+Q组合键，孤立当前选择；按下空格键，锁定当前选择对象。

- **动画控件和时间配置**：位于状态栏和视图控制器中间，其中动画控件可以控制视口中动画的播放模式，单击"时间配置"按钮，可以打开"时间配置"对话框，如下图所示。

- **视口导航控件**：主要包括一些用于视图控制和操作的按钮。

1.2.2 视口操作

3ds Max中所有的场景对象都处于一个模拟的三维世界中，用户可以通过视口来观察、了解这个三维世界中场景对象之间的三维关系，并在视口中进行创造与修改对象。3ds Max为用户提供了"视图"菜单、视口标签菜单、视口导航控件等多种方式来进行视口的操作与设置。

1. "视图"菜单与视口导航控件

大多数的视口设置命令都存在于"视图"菜单中，选择"视图"菜单下的"视口配置"命令，可打开"视口配置"对话框；视口导航控件位于用户界面的左下角，包括许多可以控制视口显示和导航的按钮。

2. 视图标签菜单

视图标签菜单位于每个视口的左上角，一般情况下有4个标签，用户单击每个标签都可以打开对应的快捷菜单，选择相应的选项进行设置，如下图所示。

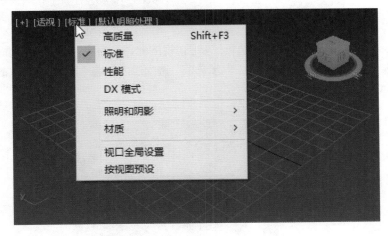

3. 设置视口盒的显示与隐藏

在3ds Max中，每个视口的右上角，都有一个能够控制视图观察方向的视口盒，用户可以通过操作视口盒来旋转或调整视口。但有时视口盒的存在会妨碍用户的操作，下面介绍将视口盒隐藏起来，并在需要的时候显示出来的操作方法。

步骤01 打开3ds Max应用程序，默认情况上每个视口的右上角都存在一个视口盒，用户可以在透视图中单击视口盒，观察它的作用，如下图所示。

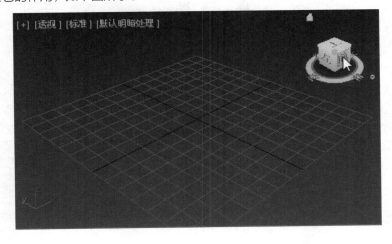

步骤 02 若想关闭视口盒，用户可以在菜单栏中执行"视图>ViewCube>显示ViewCube"命令，或按下Alt+Ctrl+V组合键，关闭视图盒，如下图所示。

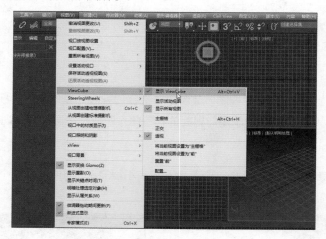

步骤 03 若要显示视图盒，可以在菜单栏中执行"视图>视图配置"命令，如下左图所示。打开"视口配置"对话框，切换到ViewCube选项卡，在"显示选项"选项组内勾选"显示ViewCube"复选框后，单击"确定"按钮完成操作，如下右图所示。

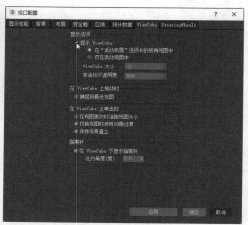

提示：显示与隐藏视口盒的其他方法

除上述操作外，用户还可以通过单击任一视口视图标签菜单中的首个标签，在打开的列表中执行"ViewCube>显示ViewCube"命令，来控制视口盒的显示与隐藏，如右图所示。

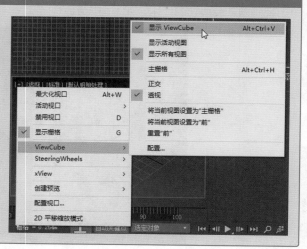

1.2.3 系统常规设置

在3ds Max中进行具体创作时，用户会发现一些系统的参数设置，可以帮助用户规避操作中意外故障造成的损失或是使用户在创作场景时更加便捷、清晰，易与他人合作共享文件等。因此，在操作前用户应学会如何设置系统单位、了解故障恢复操作和设置数据备份。

1. 设置系统单位

在实际的项目制作中，经常需要多人合作完成工作，这时必须要求制作人员将系统单位设置为相同的系统单位比例，从而保证相互间的文件能够共享，不出差错。这里注意的是，由于每个成员操作习惯的不同，显示单位比例有可能不尽相同，但只要系统单位比例一致就不会影响团队的合作。

步骤 01 打开3ds Max应用程序，在菜单栏中执行"自定义>系统单位"命令，如下左图所示。

步骤 02 在弹出的"单位设置"对话框中，单击"系统单位设置"按钮，即可打开"系统单位设置"对话框，如下右图所示。

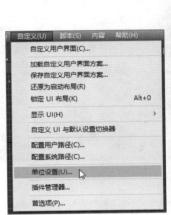
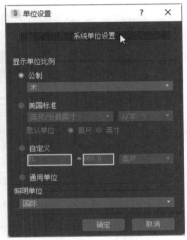

步骤 03 在"系统单位设置"对话框中的"系统单位比例"选项组中，单击"单位"右侧的下三角按钮，从下拉列表中选择合适的系统单位选项后，单击"确定"按钮，如下左图所示。

步骤 04 返回"单位设置"对话框，单击"显示单位比例"选项组中的"公制"单选按钮，并单击其下三角按钮，从下拉列表中选择合适的显示单位选项，单击"确定"按钮完成单位的设置，如下右图所示。

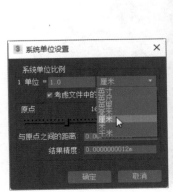

2. 系统常规设置

在实际工作中，3ds Max为用户提供了故障恢复、数据备份等措施来防止一些意外故障对工程文件的损害。因此，设置好系统单位后，下面来学习如何进行一些系统常规参数设置。

步骤 01 打开3ds Max应用程序，在菜单栏中执行"自定义>首选项"命令，如下左图所示。

步骤 02 打开 "首选项设置"对话框，切换到"常规"选项卡，在"场景撤消"选项组中，设置合适的"级别"值，如下右图所示。

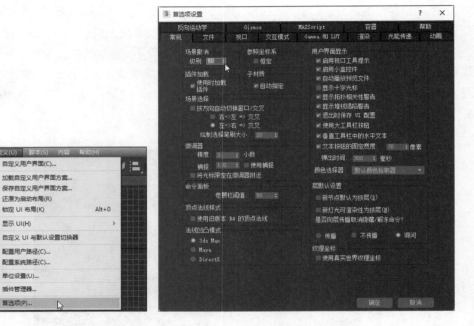

步骤 03 切换到"文件"选项卡，在 "文件处理"选项组中勾选"增量保存"复选框，在"自动备份"选项组中确认自动备份是否启用，并设置"Autobak文件数"、"备份间隔"、"自动备份文件名"等参数，单击"确定"按钮完成设置，如下图所示。

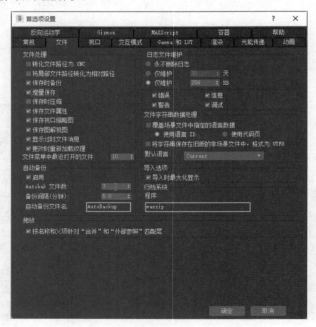

知识延伸：自定义用户界面

3ds Max考虑不同用户的操作习惯和喜好，用户可以根据需要选择系统默认的界面或预置的界面进行操作，也可以根据自己的习惯调整界面布局、颜色或快捷键等，设置符合操作习惯的用户界面。下面来了解一下3ds Max提供的不同界面方案以及如何自定义用户界面。

1. 使用预置的用户界面

许多3ds Max的老版本用户可能不太习惯3ds Max 2017的默认界面色彩，最便捷更改界面的方法就是使用3ds Max预置的用户界面。用户可以在菜单栏中执行"自定义>自定义UI与默认设置切换器"命令，在打开的"为工具选项和用户界面布局选择初始设置"对话框进行相关设置，如右图所示。

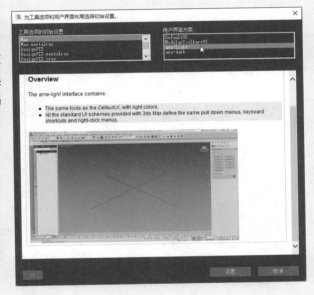

2. 自定义用户界面

用户除了可以使用系统提供的几种用户界面方案外，还可以根据自己的习惯自定义用户界面，设置适合自己的用户界面。用户可以在菜单栏中执行"自定义>自定义用户界面"命令，打开"自定义用户界面"对话框进行相关设置，如右图所示。

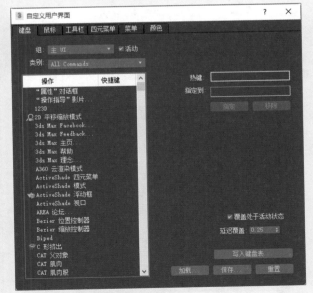

上机实训：更改视口布局与自定义菜单栏

经过本章的学习，用户是不是都跃跃欲试，想设置自己个性化的用户界面呢？那就根据需求设置不同的视口布局和菜单栏吧。

步骤 01 打开3ds Max应用程序，在菜单栏中执行"视图>视图配置"命令，弹出"视口配置"对话框，切换到"布局"选项卡，选择所需的视图类型，如下左图所示。

步骤 02 用户也可以通过单击界面左下角的"创建新的视口布局选项卡"按钮，在弹出的"标准视口布局"面板中，选择所需的布局选项，如下右图所示。

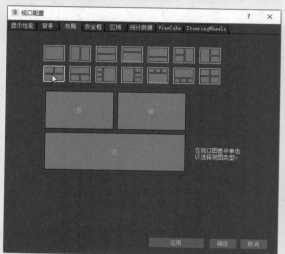
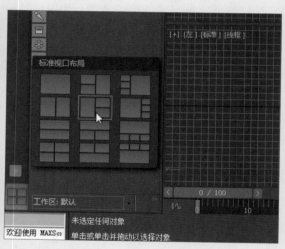

步骤 03 3ds Max 2017将文件处理的主要命令放置在"应用程序"菜单中，用户可以将这些命令自定义到"文件"菜单上。首先在菜单栏中执行"自定义>自定义用户界面"命令，打开"自定义用户界面"对话框，切换到"菜单"选项卡，如下左图所示。

步骤 04 在"菜单"选项列表中向下拖动鼠标滑块，找到"文件"选项，选中该选项并按住鼠标左键不放，向面板右侧上下移动，选择合适位置松开鼠标，即可为菜单栏添加"文件"菜单，如下右图所示。

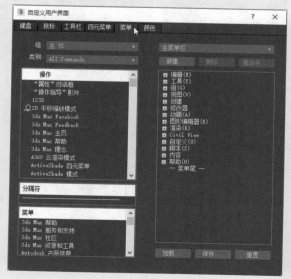
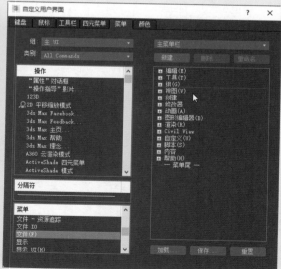

课后练习

1. 选择题

（1）3ds Max的主要功能有（　　）。

　　A. 建模　　　　　　B. 渲染　　　　　　　C. 动画　　　　　　　　D. 以上都是

（2）3ds Max的主要应用领域有（　　）。

　　A. 游戏动画　　　　B. 建筑表现　　　　　C. 工业设计　　　　　　D. 以上都是

（3）使用创建面板，可以创建（　　）对象。

　　A. 图形　　　　　　B. 摄影机　　　　　　C. 灯光　　　　　　　　D. 以上都是

（4）"切换功能区"按钮位于（　　）。

　　A. 菜单栏中　　　　B. 快速访问工具栏上　　C. 主工具栏上　　　　D. 命令面板上

2. 填空题

（1）用户可以按下＿＿＿＿＿＿＿＿组合键，新建场景文件。

（2）命令面板由＿＿＿＿＿＿＿＿＿＿＿＿＿＿＿＿＿＿＿＿＿＿＿＿＿＿＿6个子面板组成。

（3）在3ds Max中，一个完整的工作流程一般包括＿＿＿＿＿＿＿＿＿＿＿＿＿＿＿6个步骤。

（4）使用＿＿＿＿＿＿＿＿组合键，可以快速地显示与隐藏视口盒。

3. 上机题

　　打开3ds Max应用程序，根据以下要求，利用界面右下角视口导航控件中的工具来完成视口的操控。

（1）利用缩放工具和缩放所有视图工具，缩放视图窗口；

（2）利用平移视图工具平移视图窗口；

（3）利用环绕子对象工具旋转视图窗口；

（4）利用最大化视口切换工具切换视图窗口。

Chapter 02 场景对象

本章概述

本章将对在3ds Max中选择对象、对象的基本变换操作及一些常用的高级变换工具应用进行介绍。此外，对于场景对象的设置和管理方面，主要讲述了对象属性、组和层管理等知识。

核心知识点

❶ 掌握对象的基本操作
❷ 熟悉对象高级操作的常用工具
❸ 熟悉对象属性及组的相关操作
❹ 学会应用资源管理器
❺ 了解3ds Max的坐标系统

2.1 对象的基本操作

用户在使用3ds Max进行创作时，熟练掌握对象的基本操作，是完成创作的必备技能。对象的基本操作主要包括选择、移动、旋转和缩放等，对象的锁定、隐藏和冻结可以方便观察操作，且能减少误操作的发生。

2.1.1 对象的选择

在大多数情况下，对场景对象进行操作前，首先要对场景对象进行选择操作，只有选定对象才能进行具体的操作编辑。用户可以通过不同的方式进行对象的选择，例如按对象的名称进行选择，或使用材质、颜色、过滤器等进行选择，当然最基本的选择方法就是使用鼠标或鼠标与按键配合使用。

1. 按名称选择

在3ds Max中每个对象都拥有自己的名称，当用户需要精准地选择一个或多个对象时，可以按照对象的名称进行选择。用户可以单击主工具栏中 "按名称选择" 按钮，或者按下H键，打开 "从场景选择" 对话框，在 "名称" 列表中选择所需对象。

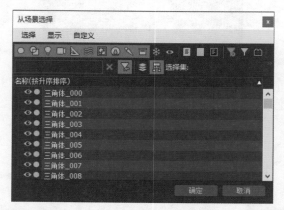

提示：选择技巧

若要选择多个对象，可以打开 "从场景选择" 对话框，在列表中选择某一选项后，按住Ctrl键不放，继续添加选择；若要选择列表中连续的多项，可以在选择首个选项后，按住Shift键的同时选择最后一项，即可选中连续多项；若要选择一个对象并关闭对话框，则直接双击对象名称即可。

2. 按区域选择

用户可以借助区域选择工具，使用鼠标绘制区域来进行对象的选择。默认情况下，拖动鼠标时创建的是矩形选择区域，用户可以根据需要设置不同的选择区域类型，3ds Max提供了矩形选择区域、圆形选择区域、围栏选择区域、套索选择区域和绘制选择区域5种类型，单击主工具栏中的区域选择按钮，即可展开其下拉列表，如下左图所示。

在使用不同选择区域进行选择时，还可以设置区域包含类型，有窗口和交叉两种，适用于所有区域类型。窗口类型只选择完全位于区域内的对象，而交叉类型则选择位于区域内并与区域边界交叉的所有对象，下右图为主工具栏中的"窗口/交叉"切换按钮。

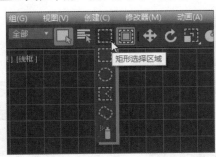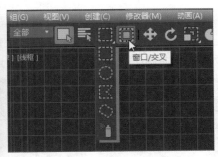

3. 使用选择过滤器

用户还可以使用主工具栏中的选择过滤器来禁用或限定特定类别对象的选择。若当前场景中包含多种不同类型的对象，使用该方式能使用户迅速地在所需的类型中进行选择，从而避免其他类型对象被选中。单击主工具栏中"选择过滤器"下拉按钮，在展开的下拉列表中包括全部、几何体、图形、灯光、摄影机、辅助对象、扭曲、组合、骨骼、IK链对象、点和CAT骨骼等多种过滤类型。

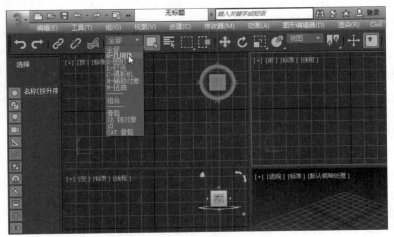

4. 其他选择方法

在较为复杂的场景中，用户可以通过创建选择集、层方式进行场景管理，这时就可以通过集合或层的方式来选择多个对象。

2.1.2 对象的移动、旋转和缩放

在三维场景中，用户可以单击主工具栏上的"选择并移动"、"选择旋转"、"选择并均匀缩放"按钮，分别对物体进行移动、旋转、缩放操作，下图所示即为3种基本操作的示意图。

启用上述3种变换工具时，场景中被选择对象的轴心处都会出现该工具的Gizmo图标，用户可以使用Shift+Ctrl+X组合键显示或隐藏变换工具的Gizmo图标，也可以利用键盘上的+和−键来放大或缩小图标。下图所示分别为"选择并移动"、"选择旋转"、"选择并均匀缩放"工具的Gizmo图标。

 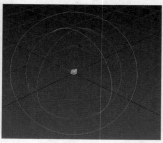 

2.1.3 对象的锁定、隐藏和冻结

用户在运用基本操作工具操作对象时，会发现当场景中的物体个数较多时，容易造成误操作、不易观察等情况出现，不利于对象的选择和编辑。这时候用户可以利用锁定、隐藏和冻结命令来方便操作。

1. 对象的锁定

在3ds Max中，用户选中操作对象后，按下空格键或是单击界面下方状态栏中的"选择锁定切换"按钮，即可锁定该对象，从而避免误选等。当然，用户也可以执行孤立操作，以达到相同的效果。

2. 对象的隐藏

为了避免场景中的其他对象对正在编辑对象造成干扰，可以将它们选中后单击鼠标右键，在弹出的快捷菜单中执行"隐藏选定对象"命令，之后所选的对象将不显示在场景中。

3. 对象的冻结

若用户不想将所选对象隐藏起来，而只是让其不能够在操作视口中被选择编辑，那么就可以在选中对象后，单击鼠标右键，在弹出的快捷菜单中执行"冻结当前选择"命令，冻结所选对象，如下图所示。

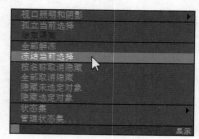

2.2 对象的高级操作

在使用基本操作工具的基础上，用户还可以借助一些高级变换工具对对象进行更精准、复杂的操作，例如对象的克隆、镜像、对齐、阵列和捕捉等。用户还可以借助一些辅助工具进行特定条件地移动、旋转和缩放对象。

2.2.1 对象的克隆

在3ds Max中克隆复制对象前，需保证对象处在被选中状态，故用户需在使用"选择并移动"、"选择并旋转"、"选择并均匀缩放"等工具的情况下，按住Shift键同时移动、旋转、缩放对象，可以达到克隆对象的目的。执行上述操作时，可以打开"克隆选项"对话框，如下图所示。

在"克隆选项"对话框中的"对象"选项组中，各单选按钮含义介绍如下。

● **复制**：克隆出与原始对象完全无关的对象，修改一个对象时，不会对另外一个对象产生影响。
● **实例**：克隆出的对象与原始对象完全交互，修改任一对象，其他对象也随之产生相同的变换。
● **参考**：克隆出与原始对象有参考关系的对象，更改原始对象，参考对象随之改变，但修改参考对象，原始对象不会发生改变。

2.2.2 对象的镜像与对齐

用户在3ds Max中创建模型时，会发现对于一些具有对称结构的模型，可以通过镜像命令快速地制作出来。而有的对象需要按照一定的条件进行创建或变换，如将"书本"模型快速准确地放置到某一平面上，这时候用户就可以利用对齐工具进行精准、快捷的变换。

1.镜像工具

用户若想对选定对象执行镜像操作，可以单击主工具栏中的"镜像"按钮，打开"镜像"对话框，在该对话框中可以设置选定对象变换的镜像轴、镜像对象与原对象之间的克隆关系等参数，如下图所示。

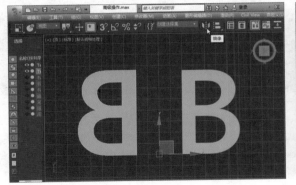

2. 对齐工具

对齐工具可以使所选对象与目标对象按某种条件实现对齐，3ds Max提供了6种不同的对齐方式，按住主工具栏中的 "对齐" 按钮不放，在弹出的列表中选择 "对齐"、"快速对齐"、"法线对齐"、"放置高光"、"对齐摄影机"、"对齐视图" 选项。其中 "对齐" 选项为最常用的对齐方式，单击主工具栏中的 "对齐" 按钮，即可打开 "对齐当前选择" 对话框，然后设置对齐的相关属性。

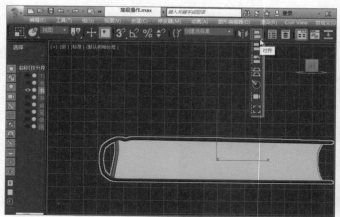

实战练习 使用对齐工具将书本放到桌面上

在使用对齐工具的过程中，用户需选择两个对象，一个为当前对象，一个为目标对象。执行操作时，首先要选中需要变换的当前对象，然后单击 "对齐" 按钮，再拾取目标对象，在打开的对话框中进行对齐设置。下面将通过一个具体案例来详细介绍对齐工具的使用方法。

步骤 01 打开随书配套光盘中的 "高级操作.max" 文件，将视口切换到前视图，通过按名称选择的方式选中 "书本_001" 对象，然后单击主工具栏中的 "对齐" 按钮，如下图所示。

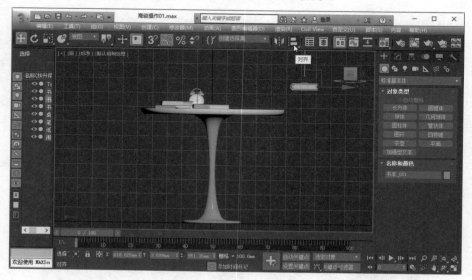

步骤 02 将光标移动到 "桌子" 对象上，当光标变为如下左图所示的形状后，单击 "桌子" 对象。

步骤 03 在弹出的 "对齐当前选择" 对话框中，设置 "对齐位置（屏幕）" 选项组中的相关参数，勾选 "Y位置" 复选框，在 "当前对象" 选项区域内选择 "最小" 单选按钮，在 "目标对象" 选项区域内选择 "最大" 单选按钮，单击 "确定" 按钮完成设置，如下右图所示。

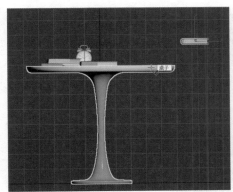

步骤 04 将视口切至顶视图，按下W键，在XY平面上移动书本模型，将其完全放置到桌面上，如下图所示。

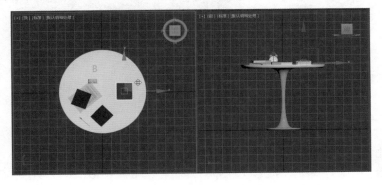

2.2.3 对象的阵列

在3ds Max中，用户可以使用阵列工具批量克隆出一组具备精确变换和定位的一维或多维对象，如一排车、一个楼梯或多个货架，都可以通过阵列的方式排列整齐。下面三个图分别为一维、二维和三维阵列效果。

在菜单栏中执行"工具>阵列"命令，或在主工具栏的空白处单击鼠标右键，选择"附加"命令，在弹出的"附加"工具栏中单击"阵列"按钮，打开"阵列"对话框，如下图所示。

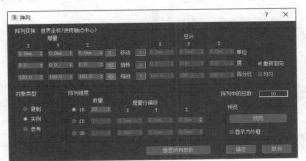

29

实战练习 使用阵列工具制作楼梯踏板模型

用户可以使用阵列工具批量制作场景模型，下面通过制作楼梯踏板模型的案例来熟悉"阵列"对话框中参数的设置。

步骤 01 打开随书配套光盘中的"阵列楼梯踏板.max"文件，在透视图中单击选择踏板模型，然后在菜单栏中执行"工具>阵列"命令，如下图所示。

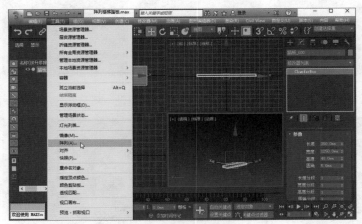

步骤 02 在弹出的"阵列"对话框中，首先在"阵列变换"选项组的"增量"选项区域内，设置Z轴的增量值为150毫米，单击"对象类型"选项区域内的"实例"单选按钮，单击"阵列维度"选项区域内的1D单选按钮并设置其数量值为15，单击"预览"选项区域内的"预览"按钮，并在视口中观察预览效果。接着回到"阵列变换"选项组的"增量"选项区域内，设置Y轴的增量值为300毫米。

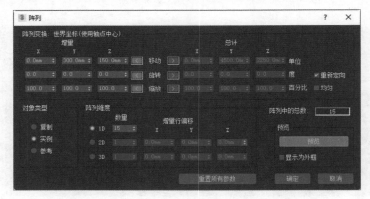

步骤 03 单击"确定"按钮返回视口，即可看到阵列出的多个踏板模型，如下图所示。

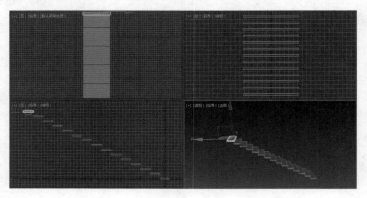

2.2.4　对象的捕捉

用户利用捕捉工具来创建或变换对象时，可以精确地控制对象的尺寸和放置位置，右键单击主工具栏中的"捕捉开关"、"角度捕捉切换"、"百分比捕捉切换"和"微调器捕捉切换"中的任一按钮，都可以打开"栅格和捕捉设置"对话框。下图所示分别为该对话框中的三个常用选项卡。

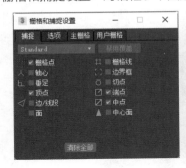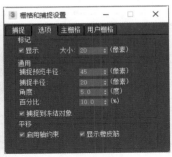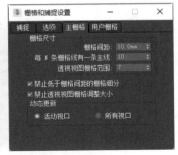

- **"捕捉"选项卡**：在该选项卡中可以选择捕捉对象，用于对场景中的栅格点、顶点、端点、中点进行捕捉。
- **"选项"选项卡**：在该选项卡中可以设置捕捉的角度值或百分比值，以及是否启用"捕捉到冻结对象"、"启用轴约束"等参数。
- **"主栅格"选项卡**：在该选项卡中可以设置栅格尺寸的相关参数。

2.3　场景对象的设置与管理

在场景创建的过程中，除了需要熟练地使用变换工具外，还需对物体的对象属性进行设置，并通过成组对象或利用场景/层资源管理器等方式来管理场景对象，方便后续操作。

2.3.1　对象属性的设置

选择场景中的对象并右击，在弹出的快捷菜单中选择"对象属性"命令，打开"对象属性"对话框，如下左图所示。在该对话框中可以设置"对象信息"选项组中对象的名称、"交互性"选项组中的隐藏和冻结属性以及"显示属性"、"渲染控制"和"运动模糊"选项组中的相关参数，如下右图所示。

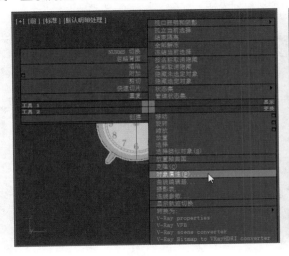

2.3.2 对象的成组与解组

在3ds Max中，将两个或多个对象组合成组后，即可将其视为单个对象或一个整体来变换和修改。在创建的组中，所有的组成员都被严格链接至一个不可见的虚拟对象上。选择两个或多个对象后，在菜单栏中执行"组>组"命令，如下图所示。在打开的"组"对话框中设置组名，即可完成组的创建。

用户还可以在"组"菜单下选择"附加"和"分离"命令，分别执行将组外对象附加到组内、将组内对象分离出去的操作。

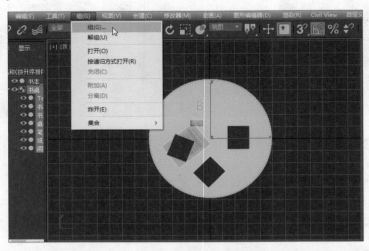

提示：附加与分离操作

若要将场景对象附加到已有组内，首先要选中对象，然后在菜单栏中执行"组>附加"命令，最后单击组对象，即可将物体附加到组内；若要把组内的对象分离出去，首先要选择组，在菜单栏中执行"组>打开"命令，在打开的组中选择要分离的对象，然后执行"组>分离"命令即可。

2.3.3 场景/层资源管理

用户可以通过场景或层资源管理器来整体把控和管理场景中的对象，单击主工具栏中的 "切换场景资源管理器"、"切换层资源管理器"按钮，可以分别打开场景资源管理器、层资源管理器面板，如下图所示。

在场景或层资源管理器面板中，用户可以创建层、激活层、嵌套层、重命名层，在层之间移动对象，按照对象类型显示或隐藏名称列表，按层对对象进行冻结、隐藏、可渲染等属性的设置。

知识延伸：3ds Max的坐标系统

在3ds Max的坐标系统中，可以设置不同的参考坐标系和坐标中心。在不同的参考坐标系或坐标中心状态下，对相同对象实行变换操作时，会得出不同的变换结果。

1. 参考坐标系

单击主工具栏中"视图"下拉按钮，在展开的参考坐标系列表包括"视图"、"屏幕"、"世界"、"父对象"、"局部"、"万向"、"栅格"、"工作"、"局部对齐"和"拾取"坐标系选项。在上述列表中可以指定变换（移动、旋转和缩放）所用的坐标系。

2. 坐标中心

按住主工具栏中参考坐标系后的坐标中心按钮不放，可以展开"使用轴点中心"、"使用选择中心"和"使用变换坐标中心"3个选项，它们分别提供了3种用于确定缩放和旋转操作中心的方法。

下图所示为对多个对象实行旋转操作时得到的不同结果，分别为原对象不做变换、在"视图"坐标系下"使用轴点中心"旋转X轴、在"视图"坐标系下"使用选择中心"旋转X轴后的效果。

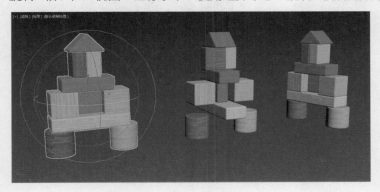

下图所示为对多个对象实行缩放操作后得到的不同结果，分别为原对象不做变换、在"视图"坐标系下"使用选择中心"缩放对象、在"视图"坐标系下"使用轴点中心"缩放对象后的效果。

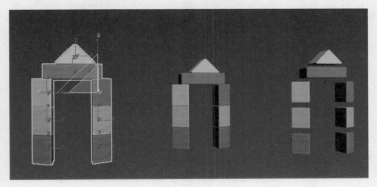

上机实训：使用间隔工具制作项链模型

　　根据本章所学的知识，利用场景中已提供模型对象的基础上，使用间隔工具制作项链模型。

步骤 01 打开随书配套光盘中的"间隔工具.max"文件，选择场景中的对象Hedra001，在菜单栏中执行"工具>对齐>间隔工具"命令，或按下Shift+I组合键，如下图所示。

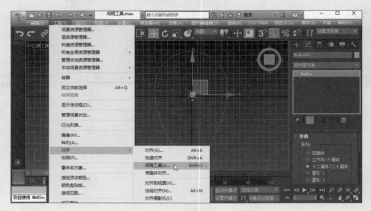

步骤 02 在打开的"间隔工具"对话框中，单击"拾取路径"按钮后，将光标移动到曲线Egg001对象上，当光标形状变成下图所示的加号形状时，单击Egg001对象完成路径的拾取。

步骤 03 返回"间隔工具"对话框，在"参数"选项组中的"计数"数值框中输入40，然后单击"应用"按钮完成设置，如下图所示。

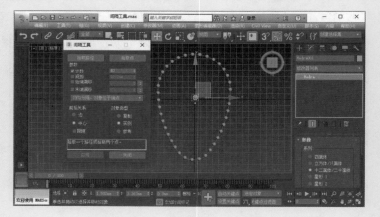

步骤 04 选择场景中的对象Sphere001，单击"间隔工具"对话框中的"拾取路径"按钮后，在视口中拾取曲线Egg001，如下图所示。

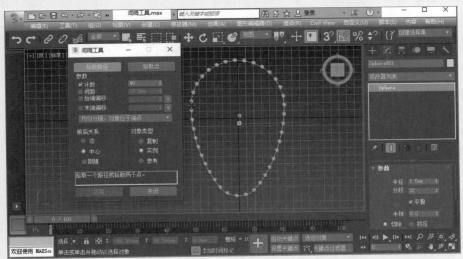

步骤 05 返回"间隔工具"对话框，在"参数"选项组中勾选"间距"复选框，并在其后的数值框中输入12.22。选择"前后关系"选项组中的"中心"单选按钮，选择"对象类型"选项组中的"实例"单选按钮，然后单击"应用"按钮完成项链的制作，如下图所示。

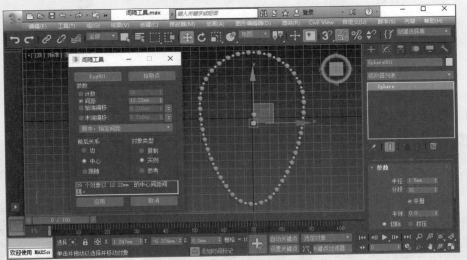

提示：间隔工具

用户还可以在主工具栏的空白处单击鼠标右键，选择"附加"选项，在弹出的"附加"工具栏中，按住"阵列"按钮不放，从展开的列表中选择"间隔工具"选项，打开"间隔工具"对话框。使用间隔工具可以沿样条线或两点之间定义的路径分布所选对象。右图即是使用间隔工具完成在弯曲的街道两侧分布花瓶的操作，花瓶之间等间距，故在较短一侧花瓶的数量较少。

课后练习

1. 选择题

（1）在3ds Max中，对操作对象进行选择的常用方式有（　　）。

　　A. 按名称选择　　　　　　B. 按区域选择　　　　　C. 使用选择过滤器　　D. 以上都是

（2）在3ds Max中打开"从场景选择"对话框，可以使用快捷键（　　）。

　　A. W键　　　　　　　　B. M键　　　　　　　　C. H键　　　　　　　D. R键

（3）对对象进行旋转操作时，可以使用快捷键（　　）。

　　A. Q键　　　　　　　　B. E键　　　　　　　　C. 空格键　　　　　　D. A键

（4）右键单击主工具栏上的"捕捉开关"按钮，可打开（　　）对话框。

　　A. 镜像　　　　　　　　B. 对齐当前选择　　　　C. 阵列　　　　　　　D.栅格和捕捉设置

（5）"切换层资源管理器"按钮位于（　　）。

　　A. 菜单栏中　　　　　　B. 快速访问工具栏上　　C. 主工具栏上　　　　D. 命令面板上

2. 填空题

（1）用户可以按下_____组合键，孤立当前选择的对象。

（2）在3ds Max中使用快捷键_____，可以快速地打开或关闭主工具栏中的捕捉开关。

（3）"克隆选项"对话框中，提供了_____、_____和_____3种对象类型。

（4）使用组合键_____可以快速地显示或隐藏变换工具的Gizmo图标。

（5）3ds Max提供了_____、_____和_____3种坐标中心。

3. 上机题

　　打开随书配套光盘中的"对象的选择.max"文件，利用本章所学的知识，快速选中所有的正方体对象或所有的二维图形，如下图所示。

 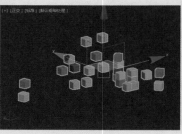 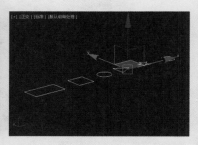

Chapter 03 建模技术

本章概述

本章将对3ds Max中的建模技术进行介绍，主要讲述基础建模、复合对象建模、修改器建模和可编辑对象建模的操作方法。其中几何基本体、二维图形、复合对象的创建属基础部分，而利用常用的二维、三维修改器建模、多边形建模等属于高级建模部分。

核心知识点

1. 掌握几何基本体的创建
2. 掌握二维图形的创建
3. 掌握常用复合对象的创建
4. 掌握常用修改器的应用
5. 掌握多边形建模法

3.1 基础建模

模型是使3ds Max进行设计制作的根基，符合规范的模型有利于后续工作的开展。掌握一定的建模技巧，熟悉各种建模技术的长处和特点，是建好模型的基础。本节将为用户介绍一些基础的建模方法，包括创建标准基本体、扩展基本体、图形以及系统预置的多种建筑对象等。

3.1.1 创建几何基本体

3ds Max中实体三维对象或用于创建实体三维对象的对象，被称为几何体，无论是场景的主题还是渲染的对象都由几何体组成。3ds Max提供了一些常用的几何基本体，包括标准基本体和扩展基本体两类，用户可以使用它们直接进行模型的组建，或是对其进行加工细化，创作出更为复杂绚丽的模型。在"创建"面板中单击"几何体"按钮，在几何体类型列表中选择所需的选项，即可打开相应的面板，如下图所示。

1. 标准基本体

3ds Max中的标准基本体都是一些最基本、常见的几何体，包括长方体、圆锥体、球体、几何球体、圆柱体、管状体、圆环、四棱锥、茶壶、平面和加强型文本11种，如右图所示。用户可以直接利用它们进行模型的拼接，也可以在其基础上通过其他建模手段进行细化创作。

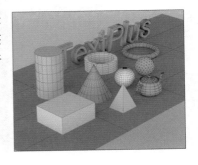

　　一般标准几何体的创建方法有两种，用户既可以单击任一基本体按钮，直接在视口中拖曳鼠标进行创建，也可以在面板中出现的"键盘输入"卷展栏内输入数值，单击"创建"按钮进行创建。加强型文本没有"键盘输入"卷展栏。下面以长方体的创建为例，介绍具体的操作步骤。

步骤01 在"创建"面板中单击"几何体"按钮，在几何体类型列表中选择"标准基本体"选项，接着单击"长方体"按钮，在顶视图拖动鼠标左键绘制出长方体的底部矩形，如下左图所示。

步骤02 矩形绘制完成后松开鼠标左键，向上移动光标绘制长方体的高度，移动到合适位置后单击鼠标左键，完成长方体的创建，接着单击鼠标右键退出绘图模式，如下右图所示。

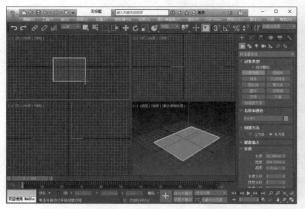 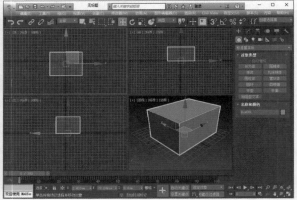

提示：长方体的参数设置

长方体创建完成后，用户可以单击命令面板中的"修改"按钮，进入"修改"面板，在"参数"卷展栏中完成长方体参数的修改设置，如右图所示。

其中"长度"、"宽度"、"高度"参数用于设置长方体的相应边的值，而"长度分段"、"宽度分段"、"高度分段"的值用于确定对应轴向上的分段数量。

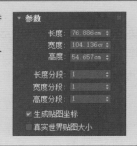

2. 扩展基本体

　　扩展基本体囊括了3ds Max中较为复杂的基本体，包括异面体、环形结、切角长方体、切角圆柱体、油罐、胶囊、纺锤、L-Ext（L形挤出）、球棱柱、C-Ext（C形挤出）、环形波、软管和棱柱，如下图所示。其创建方法与创建标准基本体基本相同，其中异面体、环形波和软管不能通过键盘输入进行创建，切角长方体和切角圆柱体是较为常用的扩展基本体。

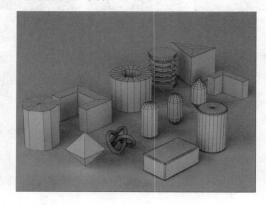

实战练习 利用几何基本体创建积木模型

通过上述介绍，用户已经对标准基本体和扩展基本体有了一定的了解，下面通过一组积木模型的创建过程来熟悉具体的操作方法。

步骤 01 打开3ds Max应用程序，在"创建"面板中单击"几何体"按钮，在几何体类型列表中选择"标准基本体"选项，接着单击"圆锥体"按钮，激活顶视图，拖动鼠标左键绘制圆锥体底面圆，如下左图所示。

步骤 02 松开鼠标左键，向上移动鼠标，形成圆柱体，其高度随光标位置的变化而变化，如下右图所示。

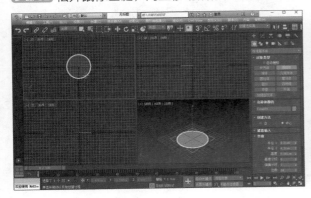 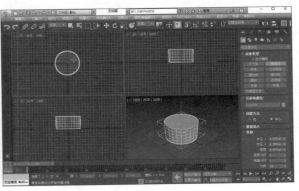

步骤 03 光标移动到合适位置后单击鼠标左键，圆柱体的高度变化随即停止。松开鼠标左键并移动，其顶面圆面积随鼠标的移动而缩放，当顶面圆面积为零时，单击鼠标左键，圆台便成为圆锥，如下图所示。

 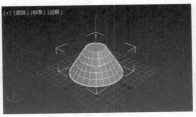 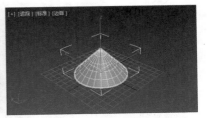

步骤 04 切换至"修改"面板，在"参数"卷展栏中设置"半径1"值为2，"半径2"值为0，"高度"值为3，"高度分段"、"端面分段"和"边数"值保持不变，如下左图所示。

步骤 05 接着创建切角长方体，执行"创建>几何体"命令后，单击"标准基本体"下拉按钮，在打开的列表中选择"扩展基本体"选项，如下右图所示。

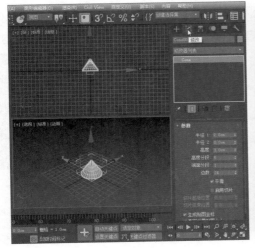 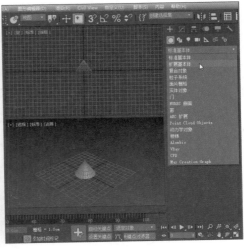

步骤 06 单击"切角长方体"按钮，按住Ctrl键同时，在顶视图中拖动鼠标左键绘制出一个正方形，如下左图所示。

步骤 07 松开Ctrl键和鼠标左键，向上拖动绘制出一些高度，再次单击并左右或上下移动鼠标绘制切角效果，单击鼠标左键完成创建，随后单击鼠标右键退出绘图模式，如下右图所示。

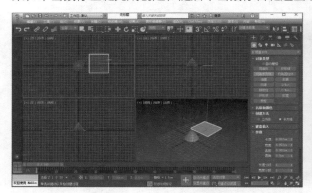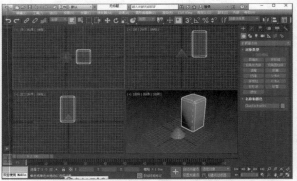

步骤 08 切换至"修改"面板，在"参数"卷展栏中设置"长度"和"宽度"值为3，"高度"值为9，"圆角"值为0.1、"圆角分段"值为3，其他参数值保持默认设置，如下左图所示。

步骤 09 根据上述圆锥体和切角长方体的创建操作，用户可以举一反三，再利用切角圆柱体绘制出其他积木模型，最终的组合效果如下右图所示。

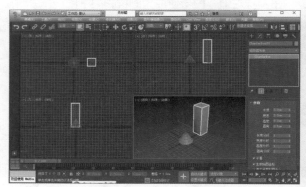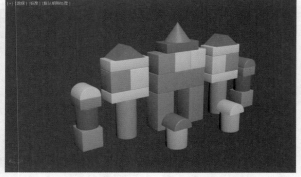

3.1.2　创建建筑对象

在"创建"面板下的"几何体"列表中，3ds Max除了提供几何基本体外，还提供了一系列建筑对象绘制选项，可用于一些项目模型的构造块创建，这些对象包括门、窗、楼梯和AEC扩展（植物，栏杆和墙）等。用户可以在"创建"面板中单击"几何体"按钮，在几何体类型列表中选择所需选项，即可打开相应的面板，右图所示分别为门、窗、楼梯和AEC扩展面板。

1. 门

在3ds Max中，使用预置的门模型不仅可以控制门外观的细节，还可以将门设置为打开、部分打开或关闭状态，也可为其设置打开动画。"门"类别包括"枢轴门"、"推拉门"和"折叠门"三种类型。

2. 窗

3ds Max 提供了 6 种类型的窗，分别为"遮篷式窗"、"平开窗"、"固定窗"、"旋开窗"、"伸出式窗"和"推拉窗"。用户可以控制窗口外观，将窗设置为打开、部分打开或关闭状态，或设置窗的打开动画等。

3. 楼梯

在3ds Max中，用户可以创建4种不同类型的楼梯，分别是"直线楼梯"、"L 型楼梯"、"U 型楼梯"和"螺旋楼梯"。

4. AEC扩展

"AEC 扩展"对象在建筑、工程和构造领域使用广泛，包括"植物"、"栏杆"和"墙"3类，用户可以单击"植物"按钮来创建植物模型，单击"栏杆"按钮来创建栏杆和栅栏模型，单击"墙"按钮来创建墙模型。

3.1.3 创建图形

图形是一条或多条直线或曲线组成的对象，3ds Max中的图形主要由基本样条线、NURBS 曲线和扩展样条线组成。在"创建"面板中单击"图形"按钮，单击"样条线"下拉按钮，在打开的图形类型列表中选择相应的选项，即可打开对应的面板，如下图所示。

1. 样条线

样条线中包括线、矩形、圆、椭圆、弧、圆环、多边形、星形、文本、螺旋线、卵形和截面12种，下面以矩形的创建为例，介绍图形的创建步骤和其相关参数的设置。

步骤 01 打开3ds Max应用程序，在"创建"面板中单击"图形"按钮，在图形类型列表中选择"样条线"选项，接着单击"矩形"按钮，或在菜单栏中执行"创建>图形>矩形"命令，如下左图所示。

步骤 02 在顶视图中从左至右拖曳鼠标左键，即可创建出一个矩形，松开鼠标左键完成创建，单击鼠标右键退出创建模式，如下右图所示。

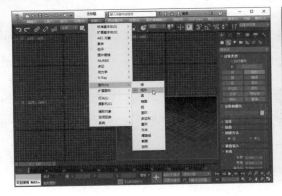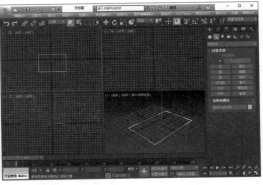

步骤 03 切换至"修改"面板，发现矩形对象有"渲染"、"插值"和"参数"3个参数卷展栏，用户可以直接在"参数"卷展栏中"长度"、"宽度"和"角半径"数值框中输入相应的值，来修改创建的对象，如将"长度"值设为50、"宽度"值设为100，"角半径"值设为10，视口中的矩形随之变化，如下左图所示。

步骤 04 接着展开"渲染"卷展栏，勾选"在渲染中启用"和"在视口中启用"复选框，选择"矩形"单选按钮，将"长度"和"宽度"值都设置为8，观察视口中对象的变化，如下右图所示。

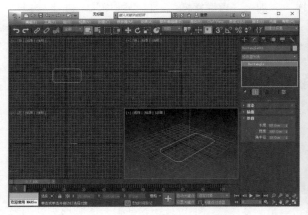 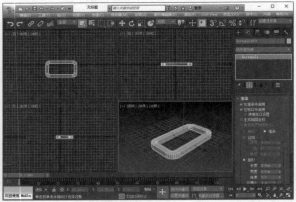

2. 扩展样条线

扩展样条线的创建方法与样条线相似，用户可以在视口中拖曳鼠标进行创建或使用键盘输入创建，包括墙矩形、通道、角度、T形和宽法兰5种。

提示：样条线参数设置

3ds Max提供的12种样条线和5种扩展样条线中，除了"线"和"截面"样条线以外，其他所有样条线或扩展样条线在"修改"面板中都由"渲染"、"插值"和"参数"3个参数卷展栏组成。其中"渲染"和"插值"卷展栏中的参数在每种样条线下都相同，而"参数"卷展栏中的参数因图形而异。

- **"渲染"卷展栏**：在默认情况下，二维图形在渲染输出时是不显示的，如需启用渲染，用户可以在此卷展栏中设置。如在视口和渲染输出中切换图形可渲染性，指定渲染横截面的类型（有圆形和矩形两种）和大小，并应用贴图坐标等。
- **"插值"卷展栏**：此卷展栏中的参数可以控制样条线生成方式，可以将所有样条线曲线划分为近似真实曲线的较小直线，样条线上的每个顶点之间的划分数量称为步数，"步数"值越大，曲线越平滑。
- **"参数"卷展栏**：该卷展栏在每种图形对象下都不相同，例如，在"矩形"对象中其参数为矩形的长宽及角半径值设置，在"圆"对象中设置的是半径值，而在"文本"对象中设置的是文本的字体、字号、字符间距等。

---

3. NURBS曲线

NURBS 曲线外形与样条线类似，但有着较为复杂的控制系统，允许跨视口操作，包括点曲线和CV曲线两种。点曲线是直接用在曲线上的点来控制曲线的形状，而CV曲线是用CV控制点来控制曲线的形状，CV控制点在曲线的切线上，并不在曲线上。

NURBS 曲线是一种可供用户编辑的图形对象，与可编辑样条线类似，可以进行相关的编辑操作。点曲线有"点"和"曲线"两个子层级对象，CV曲线有"曲线CV"和"曲线"两个子层级对象。

实战练习 利用样条线工具创建字母挂件模型

　　介绍了图形创建的相关知识后，接下来通过具体实例介绍利用螺旋线、文本和圆形工具创建字母挂件模型的操作方法。

步骤 01 在"创建"面板中单击"图形"按钮，在图形类型列表中选择"样条线"选项，单击"螺旋线"按钮，在面板下方的"键盘输入"卷展栏中设置"半径1"、"半径2"的值为2cm，"高度"值为0.2cm，单击"创建"按钮创建一个螺旋线，如下左图所示。

步骤 02 单击"命令"面板中的"修改"按钮，切换至"修改"面板，在"参数"卷展栏中修改相关参数值，将"半径1"值改为2cm，"高度"值设为0.2cm，"圈数"值设为2，其他参数值不变，效果如下右图所示。

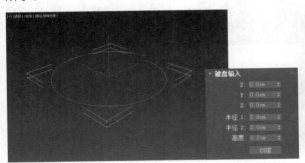 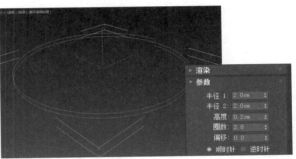

步骤 03 展开"渲染"卷展栏，勾选"在渲染中启用"和"在视口中启用"复选框，选择"径向"单选按钮，并将"厚度"值设为0.1cm，如下左图所示。

步骤 04 返回"创建"面板，单击"文本"按钮，在视图中单击创建二维文本，如下右图所示。

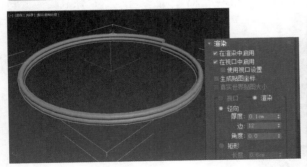 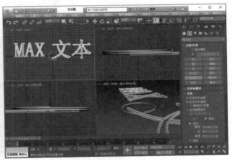

步骤 05 切换到"修改"面板，在"参数"卷展栏的"文本"输入框内输入字母G，设置合适的字体样式，并将"大小"值设为8cm，如下左图所示。

步骤 06 展开"渲染"卷展栏，选择"矩形"单选按钮，将"长度"和"宽度"值均设置为0.2cm，观察视口中字母的变化情况，如下右图所示。

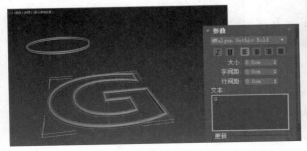 

步骤07 返回"创建"面板，利用"圆"和"椭圆"
工具创建挂件其他细节，并使用选择并移动和选择并
旋转工具进行必要的移动、旋转及克隆操作，最终组
合效果如右图所示。

3.2　复合对象建模

在3ds Max中，用户可以通过将现有的两个或多个对象组合成单个新对象，用于
组合的现有对象既可以是二维图形也可以是三维模型，而组合成的新对象即为它们的复
合对象。在"创建"面板中单击"几何体"按钮，在几何体类型列表中选择"复合对
象"选项，即可看到3ds Max中提供的复合对象类型，如右图所示。

复合对象建模命令包括变形、散步、一致、连接、水滴网络、布尔、图形合并、地
形、放样、网络化、ProBoolean（超级布尔）和ProCutter（超级切割）12种，其中
布尔、放样及图形合并较为常用。

3.2.1　布尔运算

布尔运算是将两个或两个以上对象进行并集、交集、差集、合并、附加、插入等运算，从而得到一个
新的复合对象，布尔对象有"布尔参数"和"运算对象参数"两个参数卷展栏，下图所示。

1. "布尔参数"卷展栏

在该卷展栏中可进行运算对象的添加、移除等操作，执行布尔运算后，单击"添加运算对象"按钮，
接着在视口中单击对象，即可将其添加到复合对象中，而在"运算对象"列表中选择对象名称后，单击
"移除运算对象"按钮即可将其移除。

2. "运算对象参数"卷展栏

在"运算对象参数"卷展栏中可以选择不同的运算方式，如并集、交集、差集等，还可以在"材质"和"显示"选项组中进行相关参数设置。下面对"选择对象参数"卷展栏中各常用参数进行介绍，具体如下。

- **并集：** 将运算对象相交或重叠的部分删除，并将执行运算对象的体积合并。
- **交集：** 将运算对象相交或重叠的部分保留，删除其余部分。
- **差集：** 从基础（最初选定的）对象中移除与运算对象相交的部分。
- **合并：** 将运算对象相交并组合，而不移除任何部分只是在相交对象的位置创建新边。
- **附加：** 将运算对象相交并组合，既不移除任何部分也不在相交的位置创建新边，各对象实质上是复合对象中的独立元素。
- **插入：** 从运算对象 A（当前结果）减去运算对象 B（新添加的操作对象）的边界图形，运算对象 B 的图形不受此操作的影响。
- **盖印：** 勾选该复选框，可在操作对象与原始网格之间插入（盖印）相交边，而不移除或添加面。

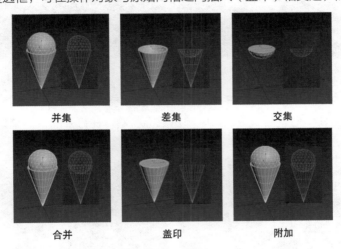

| 并集 | 差集 | 交集 |

| 合并 | 盖印 | 附加 |

实战练习 **使用布尔运算制作笛子模型**

下面介绍使用布尔运算制作笛子模型的操作步骤，通过本实例的学习，使用户掌握布尔运算的具体使用方法。

步骤01 激活左视图，在"创建"面板中单击"几何体"按钮，并选择"标准基本体"选项，单击"管状体"按钮，在"键盘输入"卷展栏中设置"内径"、"外径"、"高度"值分别为1.5cm、1.1cm和68cm，单击"创建"按钮后，切换至"修改"面板修改其他参数，如下左图所示。

步骤02 激活顶视图，单击"圆柱体"按钮，在"键盘输入"卷展栏中设置"半径"值为0.65cm、"高度"值为10cm，单击"创建"按钮完成圆柱体的创建，如下右图所示。

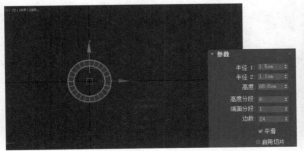
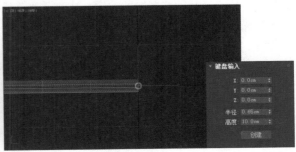

步骤03 在顶视图中，将圆柱体沿着X轴移动到管状体的另一端后，按住Shift键的同时沿X轴拖曳鼠标，复制圆柱体对象，在弹出的"克隆选项"对话框中设置"副本数"为9，单击"确定"按钮完成操作，如下左图所示。

步骤04 按如下右图所示排列圆柱体对象后，选择管状体，在"创建"面板中单击"几何体"按钮，在几何体类型列表中选择"复合对象"选项，接着单击"布尔"按钮。

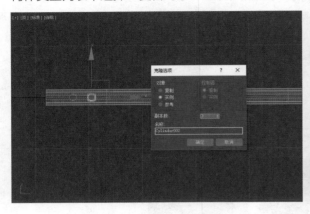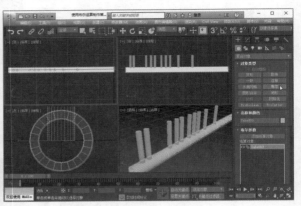

步骤05 首先在"运算对象参数"卷展栏中单击"差集"按钮，然后单击"布尔参数"卷展栏中的"添加运算对象"按钮，接着在视口中依次拾取所有的圆柱体对象，添加到运算对象中，如下左图所示。

步骤06 添加完所有的圆柱体对象后，在视口中单击鼠标右键，在打开的快捷菜单中选择"全部取消隐藏"命令，删除所有的圆柱体，至此完成笛子模型的布尔操作，如下右图所示。

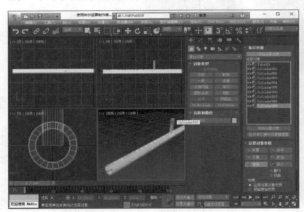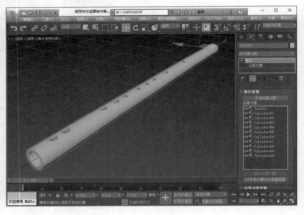

3.2.2 放样对象

放样是将参与操作的某一样条线作为路径，其余样条线作为放样的横截面或图形，从而在图形之间生成曲面，创建出一个新的复合对象，如右图所示。

与其他复合对象相比，放样对象并不是一旦单击"复合对象"按钮就会从选中对象中创建复合对象，而是需单击"获取图形"或"获取路径"按钮进行获取后才会创建放样对象。

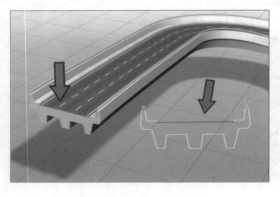

执行放样操作之前，必须创建出作为放样路径或横截面的图形，选择其一来执行操作。右图所示为放样对象的参数卷展栏，包括"创建方法"、"曲面参数"、"路径参数"、"蒙皮参数"和"变形"卷展栏。

- **创建方法**：该卷展栏用于确定是使用图形还是路径创建放样对象，并指定路径或图形转换为放样对象的方式。
- **曲面参数**：该卷展栏用于控制放样曲面的平滑度，及指定是否沿着放样对象应用纹理贴图等。
- **路径参数**：该卷展栏用于控制在路径的不同位置插入不同的图形。
- **蒙皮参数**：该卷展栏用于调整放样对象网格的复杂性，还可通过控制面数来优化网格。
- **变形**：该卷展栏用于定义图形沿着路径缩放、扭曲、倾斜、倒角或拟合的变化。

实战练习 使用放样工具制作花瓶模型

下面介绍使用放样工具来制作一个拥有不同截面花瓶模型的创建方法。通过本案例的学习来熟悉创作放样复合对象的具体方法。

步骤 01 激活顶视图，在"创建"面板单击"图形"按钮，选择"样条线"类型为"圆"，在"键盘输入"卷展栏中设置"半径"值分别为40cm，单击"创建"按钮创建一个圆形，将其命名为"圆形01"，如下左图所示。

步骤 02 在顶视图内创建一个星形，其参数设置为："半径1"、"半径2"值分别为78、67，"圆角半径1"、"圆角半径2"值分别为3、4，"点"值为15，并将该星形向上移动一定距离，命名为"星形01"，如下右图所示。

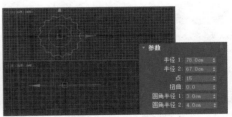

步骤 03 继续在顶视图内创建一个"半径"值为25的圆形和一个"半径1"、"半径2"分别为50、40，"圆角半径1"、"圆角半径2"分别为3、6，"点"值为15的星形，并将它们分别命名为"圆形02"、"星形02"，并使"圆形02"处于"星形01"的上方，"星形02"处于最上方，如下左图所示。

步骤 04 将视口切换到前视图，利用"创建"面板中的线工具，在这些截面图形的旁边创建出一条样条线，选中该线，在"创建"面板中单击"几何体"按钮，在几何体类型列表中选择"复合对象"选项，接着单击"放样"按钮，如下右图所示。

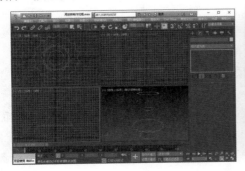
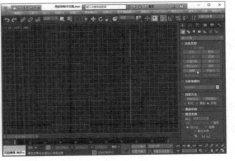

步骤 05 在"创建方法"卷展栏中单击"获取图形"按钮，然后在视口中单击"圆形01"图形，如下左图所示。

步骤 06 将"路径参数"卷展栏中的"路径"值改为25，再次单击"获取图形"按钮，然后在视口中单击"星形01"图形，如下右图所示。

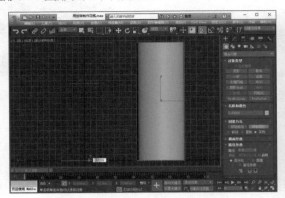 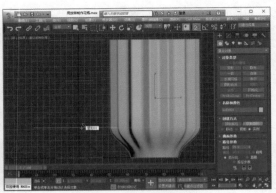

步骤 07 当"路径"值改为65时，单击"获取图形"按钮拾取"圆形02"；当"路径"值改为100时，单击"获取图形"按钮拾取"星形02"，此时花瓶的雏形效果已经出来，如下左图所示。

步骤 08 右键单击放样出的对象，选择"转换为>转换为可编辑多边形"选项，在"多边形"子对象层级中删除顶部面，并为该对象添加"壳"修改器，在"参数"卷展栏中设置"内部量"、"外部量"的值为1和2，至此花瓶模型已经创建完成，如下右图所示。

 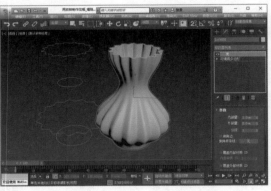

3.2.3 其他复合对象

除了布尔和放样功能创建复合对象外，3ds Max还提供了其他将二维和三维对象组合在一起的建模工具，这些工具很难或不可能使用其他工具来替代，下面对这些复合对象建模命令的含义进行介绍。

- **变形**：可以合并两个或多个对象，方法是插补第一个对象的顶点，使其与另外一个对象的顶点位置相符。如果随时执行这项插补操作，将会生成变形动画。
- **散布**：可以将所选的源对象散布为阵列，或散布到分布对象的表面上。
- **一致**：通过将某个对象（称为"包裹器"）的顶点投影至另一个对象（称为"包裹对象"）的表面而创建的对象。
- **连接**：可通过对象表面的"洞"连接多个对象。要执行此操作，需删除每个对象的某些面，从而在其表面形成一个或多个洞，并确定洞的位置，以使洞与洞之间面对面，然后应用"连接"功能。
- **水滴网格**：可以通过几何体或粒子创建一组球体，这些球体还可以连接起来，就像是由柔软的液态物质构成一样。如果一个球体在另外一个球体的一定范围内移动，它们就会连接在一起。如果这些球体相互移开，将会重新显示球体的形状。

- **图形合并**：利用一个或多个图形及网格对象来创建复合对象。这些图形嵌入在网格中（将更改边与面的模式），或从网格中消失。
- **地形**：使用等高线数据创建行星曲面。
- **网格化**：以每帧为基准将程序对象转化为网格对象，这样就可以应用修改器，如弯曲或UVW贴图修改器。该功能可用于任何类型的对象，但主要为使用粒子系统而设计。
- **ProBoolean**：使用布尔运算将两个或多个其他对象组合起来，可靠性非常高，结果输出更清晰。
- **ProCutter**：可以执行特殊的布尔运算，主要目的是分裂或细分体积，用于爆炸、断开、装配、建立截面或将对象（如三维拼图）拟合在一起。

实战练习 使用图形合并功能制作象棋模型

在3ds Max中，用户可以利用文字和倒角圆柱体来创建象棋复合对象，其操作思路是首先利用图形合并功能将文字图形嵌入到倒角圆柱体中，再为得到的复合对象添加"面挤出"修改器进行挤出操作，具体操作如下所述。

步骤01 创建一个倒角圆柱体，设置半径为3、高度为1.5、圆角为0.15、圆角分段为5、边数为36，如下左图所示。

步骤02 在倒角圆柱体上方创建一个"将"字，字体设为楷体，大小设为4.65。

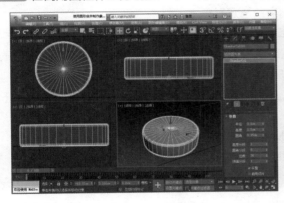 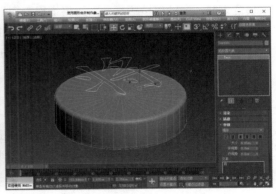

步骤03 选择圆柱体，使用"复合对象"中的"图形合并"功能，单击"拾取图形"按钮来拾取"将"字，如下左图所示。

步骤04 给对象添加"面挤出"修改器，挤出数量设为-0.2，完成象棋的创建，如下右图所示。

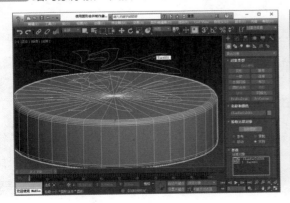 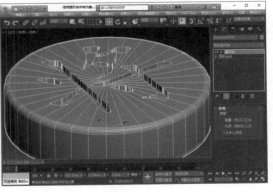

3.3 修改器建模

在3ds Max中，利用"创建"面板创建好模型后，大多都需在"修改"面板中对模型进行修改。在"修改"面板中除了可以修改模型对象的原始创建参数外，用户还可以给对象添加修改器，从而创建出更为复杂生动的模型。修改器建模技术在实际工作中既常用又实用，是一个非常重要的功能。

3.3.1 修改器基本知识

在三维动画创作中，无论是应用修改器创建或修改模型，还是为已经创建好的模型添加贴图纹理等，用户会发现几乎每个对象都会用到修改器里的命令。修改器中包含着绝大部分常用的命令，需要用户熟练掌握。在应用修改器前，需要掌握修改器的一些基本知识。

1. 修改面板的组成

右图为某样条线的修改面板，从上至下依次为对象的名称、颜色、修改器下拉列表、修改器堆栈、堆栈控件及参数卷展栏。

- **修改器列表：** 单击该下拉按钮，即可为选定对象添加相应的修改器，该修改器将显示在堆栈中。
- **修改器堆栈：** 包含所用修改器的累积历史记录，在堆栈中单击某一修改器名称，即可打开相应的参数卷展栏，从而对相关参数进行修改。
- **锁定堆栈：** 激活该按钮后，即可将堆栈锁定到当前选定对象上，整个"修改"面板同时锁定到当前对象。后续即使选择了视口中的其他对象，修改面板也仍然属于该对象。
- **显示最终结果开/关切换：** 激活该开关后，将在选定对象上显示堆栈中所有修改完毕后出现的结果，与用户当前所在堆栈中的位置无关。禁用此该开关后，对象将显示堆栈中的当前最新修改。
- **"使唯一"控件：** 将实例化修改器转化为副本，断开与其他实例之间的联系，从而将修改特定于当前对象。
- **从堆栈中移除修改器：** 在堆栈中选择相应的修改器，单击该按钮即可将其删除。
- **配置修改器集：** 单击该按钮，可以打开修改器集菜单。

> **提示：修改器子对象层级的访问与操作**
>
> 修改器除了自身的参数集外，一般还有一个或多个子对象层级，可以通过修改器堆栈访问。最常用的有Gizmo、轴和中心等，用户可以像对待对象一样，对其进行移动、缩放和旋转操作，从而改变修改器对象的影响。

2. 自定义修改器集

- **修改器集的显示与隐藏操作**

单击"修改"面板中的"配置修改器集"按钮，在打开的修改器集菜单中选择"显示按钮"选项，即可以在"修改"面板中显示或隐藏一些系统默认的修改器集，如右图所示。

● **设置自定义的修改器集**

除了使用系统默认的修改器集外，用户还可对修改器集进行相应的自定义设置，将常用的二维修改器、三维修改器等添加到修改器集中，具体操作如下。

步骤 01 单击"修改"面板中的"配置修改器集"按钮，在打开的修改器集菜单中选择"配置修改器集"选项，如下左图所示。

步骤 02 在打开的"配置修改器集"对话框中，用户除了可以设置修改器集中的按钮个数外，还可以对默认修改器集进行修改，添加一些常用的修改器。用户只需在该对话框左侧的"修改器"列表中找到所需修改器的名称，拖曳到右侧按钮上即可，最后单击"确定"按钮完成自定义设置，如下中图所示。

步骤 03 将常用的二维修改器、三维修改器等添加到修改器集中，修改面板的最终效果如下右图所示。

 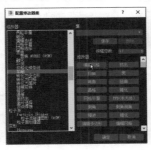 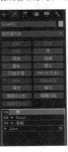

3. 修改器堆栈的基本操作

修改器堆栈不仅包含对象所应用的创建参数和修改器的累积历史记录，且具有很大的灵活性，它不进行永久性的修改。用户可以为对象添加多个修改器，其效果将会层层累积呈现，下面对修改器堆栈的基本操作进行介绍。

● **堆栈控件：** 位于堆栈列表和相关参数卷展栏中间部位，具体控件按钮的功能和操作可见上文。

● **启用和禁用修改器：** 修改器堆栈中每个修改器前都有一个眼睛图标，单击该图标按钮即可启用或禁用修改器。

● **修改器的排序：** 为选定对象添加多个修改器后，位于堆栈下方的修改器影响其上方修改器的作用效果。故为某对象添加同样的修改器后，若修改器的排列顺序不同其结果也不同。

● **复制、粘贴或塌陷修改器等命令：** 用户在修改器上单击鼠标右键，在弹出的快捷菜单中可以对修改器执行复制、粘贴或塌陷等操作。

4. 修改器种类

用户可以在"修改"面板中的修改器列表中查看众多修改器选项，这些修改器按照类型划分在不同的修改器集合中。在3ds Max中，默认有"选择修改器"、"世界空间修改器"和"对象空间修改器"3大类。

● **选择修改器：** 该修改器有网格、面片、多边形和体积选择4种，若是二维对象还包括线条线选择修改器。

● **世界空间修改器：** 基于世界空间坐标而言，有10余种修改器，与"对象空间修改器"相对。应用此类修改器后，该修改器始终显示在修改器堆栈的顶部，不受对象移动变换的影响。

● **对象空间修改器：** 此类修改器的数量最多，也是最常用的修改器类型，直接影响局部空间中对象的几何体，其修改结果直接显示在对象上，且堆栈的顺序影响修改效果。其中有些修改器只作用于二维对象，而有些修改器常用于三维对象。

3.3.2 常用的二维修改器

上小节中提到，在"对象空间修改器"中有些修改器只能用于二维图形，在这些常用的二维修改器中用户需熟悉车削、挤出、倒角、倒角剖面和扫描等修改器的相关参数及操作。

本小节将为用户介绍常用的二维图形修改器的相关应用，从而使用户快速地将二维图形转化为三维对象。

1. 车削修改器

车削修改器是针对二维对象的修改器，是较为常用的一个修改器。利用车削修改器可以快速、便捷地制作出一些具有高度对称性的对象，如酒瓶、花瓶、碗等。

车削修改器可以将一个图形或NURBS 曲线绕某个轴旋转一定度数后生成一个三维实体对象，常用来制作对称结构强的对象，右图为其参数卷展栏。

- **度数**：设置对象绕轴旋转的度数，范围为0至360，默认值是 360。
- **焊接内核**：将旋转轴上的顶点焊接起来，从而简化网格。
- **翻转法线**：因图形上顶点的方向和旋转方向设置可能会导致旋转对象内部外翻，勾选"翻转法线"复选框可修复这个问题。
- **分段**：在起始点之间，确定车削出的曲面上有多少插补线段。
- **封口**：该选项组用于设置是否在车削对象内部创建封口及封口方式。
- **方向**：该选项组用于设置相对对象车削的轴点，旋转轴的旋转方向有x、y和z三种方向可供选择。
- **对齐**：该选项组用于将旋转轴与图形的最小、中心或最大范围进行对齐操作。
- **输出**：该选项组用于设置车削后得到的对象类型，有"面片"、"网格"和NURBS三个单选按钮供选择。
- **生成贴图坐标**：可以将贴图坐标应用到车削对象中。
- **真实世界贴图大小**：可以控制应用于该对象的纹理贴图材质所使用的缩放方法。
- **生成材质ID**：可以将不同的材质ID指定给挤出对象侧面与封口。
- **平滑**：可以为车削图形应用平滑效果。

实战练习 使用车削修改器制作酒瓶模型

通过对车削修改器的功能及参数介绍，用户可以利用车削修改器来制作酒瓶模型，应用该修改器之前需要根据所需效果画出瓶子的轮廓形状，具体操作步骤如下。

步骤 01 激活前视图，在"创建"面板单击"图形"按钮，利用样条线中的"线"绘制出下左图所示的瓶子轮廓形状。

步骤 02 选择创建好的样条线，在"修改"面板中单击"修改器列表"下拉按钮，从列表中选择"车削"选项，为图形添加"车削"修改器，如下右图所示。

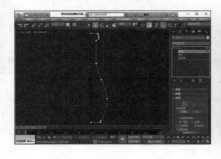 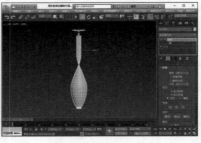

步骤 03 为图形添加修改器后，效果并不理想，这时需修改"车削"修改器中的一些参数。单击"参数"卷展栏"对齐"选项组中的"最小"按钮，接着勾选"参数"卷展栏上方的"反转法线"复选框，观察瓶子情况，会发现瓶盖处的问题，而且瓶子不够圆滑，如下左图所示。

步骤 04 这时可以勾选"焊接内核"复选框，解决瓶盖处的问题，并在"分段"数值框中输入32，使瓶子更加圆滑，至此完成酒瓶模型的创建，如下右图所示。

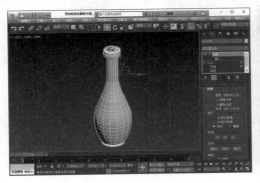 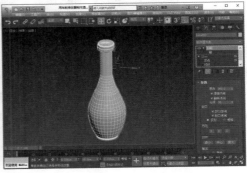

2. 挤出修改器

挤出修改器可以为二维图形对象增加一定的深度，并使其成为一个三维实体对象。该二维图形中的样条线须处于闭合状态，否则将挤出一个片面对象，其参数卷展栏如右图所示。

- **数量**：设置挤出的深度。
- **分段**：指定在挤出对象深度方向上线段的数目。
- **封口**：该选项组用于设定挤出的始端或末端是否生成平面，及该平面的封口方式。
- **输出**：该选项组用于设定挤出对象的输出方式，有"面片"、"网格"和NURBS 3个单选按钮。
- **生成贴图坐标**：将贴图坐标应用到挤出对象中。
- **真实世界贴图大小**：控制应用于对象的纹理贴图所使用的缩放方法。
- **生成材质 ID**：将不同的材质ID指定给挤出对象的侧面与封口。
- **使用图形 ID**：将材质ID指定给挤出产生的样条线中的线段，或指定给在 NURBS 挤出产生的曲线子对象。
- **平滑**：将平滑效果应用于挤出图形。

3. 倒角修改器

倒角修改器可以将二维图形挤出为三维对象，同时在边缘应用直角或圆角的倒角效果。其操作与挤出修改器相似，但可以将图形挤出不同级别，并对每个级别指定不同的高度值和轮廓量。右图为倒角对象的"参数"和"倒角值"两个卷展栏。

- **参数**：该卷展栏用于设置挤出对象的封口、封口类型、曲面以及相交的相关参数。
- **倒角值**：该卷展栏用于设置倒角的级别个数和各个级别不同的挤出高度、轮廓量等参数。

4. 倒角剖面修改器

倒角剖面修改器可以将一个图形作为路径或剖面来挤出一个实体对象。在3ds Max中有两种方法可以创建倒角剖面，在其"参数"卷展栏中有"经典"和"改进"两个单选按钮，选择任一单选按钮即可打开相应的卷展栏，如下图所示。

- **经典方法：** 该方法是创建对象的传统方法，须有两个二维图形，一个作为路径，即需要倒角的对象，另一个作为倒角的剖面（该剖面图形既可以是开口的样条线，也可以是闭合的样条线）。选择路径，应用倒角剖面修改器，在"经典"卷展栏中单击"拾取剖面"按钮拾取剖面。
- **改进方法：** 该方法只需一个图形即可，与倒角修改器类似，可以设置挤出的数量及分段数，还可以利用倒角剖面编辑器来编辑倒角。在"改进"卷展栏中除"倒角"选项组外，还有"封口"、"封口类型"和"材质ID"等多个选项组。

5. 扫描修改器

扫描修改器可以沿着基本样条线或 NURBS 曲线路径挤出横截面，这些横截面即可以是一系列预置的横截面，也可以是用户自定义的图形。该修改器与"放样"复合对象、倒角剖面修改器中的经典方法类似。用户在"截面类型"卷展栏中选择内置的备用截面或自定义图形的截面，然后在"参数"、"插值"和"扫描参数"卷展栏中进行相应的参数设置。

3.3.3 常用的三维修改器

除了一些只用于二维图形的修改器外，3ds Max还提供了一些常用于三维对象的修改器，其中较常用的有弯曲、扭曲、锥化、FFD、晶格、壳和网格平滑等修改器。本小节将为用户介绍这些常用三维修改器的相关参数和使用方法。

1. 弯曲修改器

弯曲修改器可以将当前选择对象围绕某一轴最多弯曲360度，允许在三个轴中的任何一轴向上控制弯曲的角度和方向，也可以对几何体的一部分限制弯曲，右图为其参数卷展栏。

- **角度：** 从顶点平面设置要弯曲的角度，范围为-999999到999999。
- **方向：** 设置弯曲相对于水平面的方向，范围为-999999到999999。
- **弯曲轴：** 该选项组用于指定要弯曲的轴，默认选择的是Z轴单选项。
- **限制：** 在该选项组中勾选"限制效果"复选框，可将限制约束应用于弯曲效果；"上限"或"下限"值用于设备世界单位设置上或下部边界，此边界位于弯曲中心点上或下方，超出此边界弯曲不再影响几何体，范围为0到999999。

2. 扭曲修改器

扭曲修改器可以使几何体产生旋转效果，其参数设置与弯曲修改器相似，这里不在赘述。扭曲修改器与弯曲修改器一样都有Gizmo和中心两个子对象层级。用户可以在子对象层级上进行变换操作并设置动画，从而改变修改器的效果。变换 Gizmo时中心随之变换，而变换中心时Gizmo不随之改变。

3. 锥化修改器

锥化修改器通过缩放几何体的两端来产生锥化轮廓，一端放大而另一端缩小，大都在两组轴上控制锥化的量和曲线。此外还可以对几何体的一段限制锥化，其"参数"卷展栏与弯曲修改器类似。

4. 晶格修改器

晶格修改器可以将对象的线段或边转化为圆柱结构，并在顶点上产生可选的关节多面体。使用该修改器可创建基于网格拓扑可渲染的几何体结构，也可作为获得线框渲染效果的另一种方法。其"参数"卷展栏中包括"几何体"、"支柱"、"节点"及"贴图坐标"选项组。"支柱"选项组用于设置支柱圆柱的结构参数，"节点"选项组用于设置每个节点的类型等相关参数。

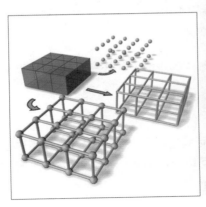

5. 壳修改器

默认创建的几何模型都是单面、内部不可见的，若想创建双面可见几何模型，用户可以为模型添加一组与现有面相反方向的额外面。壳修改器可以为对象赋予厚度，来连接内部和外部曲面。在其参数卷展栏中可以为内、外部曲面、边的特性、材质 ID 以及边的贴图类型等参数进行相应设置。

6. FFD（自由形式变形）修改器

FFD修改器即自由形式变形修改器，使用该修改器可以创建晶格框来包围选中几何体，通过调整晶格的控制点改变封闭几何体的形状。3ds Max提供了FFD2x2x2、FFD3x3x3、FFD4x4x4、FFD长方体和FFD圆柱体5种自由形式变形修改器。

7. 网格平滑修改器

网格平滑修改器是平滑类修改器中最常用的一种，可以使用多种不同方法来平滑和细分场景中的几何体，主要是通过在角和边处插补新面，从而使角和边变圆。启用该修改器后，在"修改"面板中会出现"细分方法"、"软选择"、"重置"、"参数"、"设置"、"细分量"和"局部控制"卷展栏，用户可以在这些参数卷展栏中设置新面的大小和数量，以及它们是如何影响对象曲面的相关参数。

3.4 可编辑对象建模

在3ds Max中，可编辑对象包括可编辑样条线、可编辑多边形、可编辑网格和可编辑面片，利用这些可编辑对象用户可以更加灵活自由地创建和编辑模型。每个可编辑对象都有一些子对象层级，这些子对象是构成对象的零件。用户如要获得更高细节的模型效果，可以对子对象层级执行变换、修改和对齐等操作。

3ds Max中的可编辑对象一般不是直接创建出来的，都需要进行相应的转换或者塌陷操作，将对象转换为可编辑对象。用户也可以为对象添加常用的编辑对象修改器，来进行一些可编辑操作，主要的方法有以下三种。

1. 右键快捷菜单转换

在对象上单击鼠标右键，在弹出的快捷菜单中执行"转换为>转换为可编辑对象（样条线、网格、多边形、面片）"命令，即可将选中对象转换为可编辑对象，如下左图所示。

2. 右键单击堆栈中的基本对象

在对象的"修改"面板中，右键单击堆栈中的基本对象，在弹出的快捷菜单中选择"转换为"组中的相应选项即可，如下中图所示。

3. 利用编辑修改器

使用上述两种方法后，3ds Max将用"可编辑对象"替换堆栈中的基本对象，此时对象创建的原始参数将不复存在。如果仍然要保持创建参数，可以为对象添加相应的编辑修改器，即利用可编辑对象的各种控件来对对象进行可编辑操作，如下右图所示。

3.4.1 可编辑样条线

可编辑样条线是一种针对二维图形进行编辑操作的可编辑对象，有顶点、线段和样条线3个子对象层级。样条线和扩展样条线中的所有二维图形都可以转换为可编辑样条线进行对象或子对象层级操作，其中"样条线"下的"线"不需转换，其本身就是可编辑的。

可编辑样条线的卷展栏较多，大致有"渲染"、"插值"、"选择"、"软选择"、"几何体"和"曲面属性"等卷展栏，如右图所示。各个对象层级对应的参数卷展栏个数、卷展栏中的具体命令会有所差别，其中"几何体"卷展栏较为重要。

- **"渲染"卷展栏：** 启用和关闭形状的渲染性，指定对象在渲染时或视口中的渲染表现是"径向"或"矩形"及其渲染厚度，可应用贴图坐标等。
- **"插值"卷展栏：** 样条线上的每个顶点之间的划分数量称为步长，在"插值"卷展栏中可以设置步长数，"步数"的值越大，曲线的显示越平滑。
- **"选择"卷展栏：** 为启用或禁用不同的子对象模式、使用命名选择的方式和控制柄、显示设置以及所选实体的信息提供控件。
- **"软选择"卷展栏：** 允许部分地选择显式选择邻接处中的子对象，会使显式选择的行为像被磁场包围了一样。在对子对象进行变换时，被部分选定的子对象会平滑的进行绘制。
- **"曲面属性"卷展栏：** 该卷展栏只在"线段"和"样条线"子层级中存在，其"材质"选项组可进行"设置ID"、"选择ID"和"清除所选内容"设置。
- **"几何体"卷展栏：** 提供了用于所有对象层级或子对象层级更改图形对象的全局控件，这些控件在所有层级中用法均相同，只是在不同层级下，各控件启用的数目不尽相同，有的控件按钮处于灰度模式为不启用。这些具体的操作控件，需要用户在使用过程中慢慢体会。

如右图所示的"几何体"卷展栏包含编辑对象的大部分功能，常用参数如下。

- **附加：** 将场景中的其他样条线附加到所选样条线。
- **优化：** 允许用户添加顶点，而不更改样条线的曲率值。
- **焊接：** 焊接选择的顶点，只要每对顶点在阈值范围内即可。
- **连接：** 在两个端点间生成一个线性线段。
- **插入：** 在线段的任意处插入顶点，以创建其他线段。
- **设为首顶点：** 指定所选形状中的哪个顶点是第一个顶点。
- **熔合：** 将所有选定顶点移至它们的平均中心位置。
- **相交：** 在同一个样条线对象的两个样条线相交处添加顶点。
- **圆角：** 允许在线段会合的地方设置圆角，添加新的控制点。
- **切角：** 可以交互式或输入数值，设置形状角部的倒角。
- **轮廓：** 指定距离偏移量或交互式制作样条线的副本。
- **布尔：** 将选择的第一个样条线与第二个样条线进行布尔操作。
- **修剪/延伸：** 清理形状中重叠/开口部分，使端点接合在一点。

3.4.2　可编辑多边形

可编辑多边形提供了一种重要的多边形建模技术，包含顶点、边、边界、多边形和元素5个子对象层级。可编辑多边形有各种控件，可以在不同的子对象层级中将对象作为多边形网格进行操纵。与三角面不同的是，多边形对象由包含任意数目顶点的多边形构成。

可编辑多边形在对象层级和5个子对象层级都有相应的修改面板，对应的参数卷展栏的个数、卷展栏中的具体命令有所差别，其中"选择"、"软选择"、"编辑（子对象）"、"编辑几何体"和"绘制变形"卷展栏较为常用，如右图所示。

1."编辑几何体"卷展栏

"编辑几何体"卷展栏提供了用于所有子对象层级更改多边形对象几何体的全局控件，这些控件在所有层级中用法均相同，只是在每种模式下各个控件启用的数目不尽相同，有的控件按钮处于灰度模式为不启用。"编辑几何体"卷展栏主要参数介绍如下。

- **创建：** 创建新的子对象，其使用方式取决于活动的级别。
- **塌陷：** 将对象顶点与选择中心的顶点焊接，使连续选定子对象的组产生塌陷，对象层级和"元素"子层级不启用。
- **附加：** 将场景中的其他对象附加到选定多边形对象的元素层级上。单击该控件按钮后的"附加列表"按钮，可以打开"附加列表"对话框，选择一个或多个对象进行附加。
- **分离：** 仅限于子对象层级，将选定的子对象和关联的多边形分隔为新对象或元素。
- **切割和切片组：** 这些类似小刀的工具可以沿着平面（切片）或特定区域（切割）内细分多边形网格。
- **网格平滑：** 使用当前设置平滑对象，此命令使用的细分功能与网格平滑修改器中类似。
- **细化：** 单击其后的"设置"按钮，设置细分对象中的所有多边形。
- **隐藏系列按钮：** 仅在顶点、多边形和元素层级启用，根据情况来隐藏或显示一定数量的子对象。

2. 编辑（子对象）卷展栏

编辑（子对象）卷展栏提供了编辑相应子对象特有的功能，用于编辑对象及其子对象，包括"编辑顶点"、"编辑边"、"编辑边界"、"编辑多边形"和"编辑元素"卷展栏，如下图所示。

在编辑（子对象）卷展栏中，常用命令参数介绍如下。

- **插入顶点：** 单击"插入顶点"按钮后，单击对象的某边即可在该位置添加顶点，从而手动细分可视的边。
- **移除：** 删除选定的点或边，并接合起使用它们的多边形，等同键盘上的Backspace键。
- **断开：** 在与选定顶点相连的每个多边形上，都创建一个新顶点，从而使多边形的转角相互分开，让它们不再相连于原来的顶点上。
- **挤出：** 可以以点、边、边界或多边形的形式挤出，既可以直接单击此按钮在视口中手动操纵挤出，也可单击其后的"设置"按钮进行精确挤出。
- **焊接：** 在指定的公差或阈值范围内，将选定的连续顶点或边界上的边进行合并操作。
- **封口：** 仅限于边界层级，用单个多边形封住整个边界环。
- **切角：** 可在顶点、边和边界层级下单击该按钮，从而对选定子对象进行切角，边界不需事先选定。

- **连接**：在选定的子对象（顶点、边和边界）之间创建新边。
- **桥**：在选定的边之间生成的新多边形，形成"桥"。
- **轮廓**：用于增加或减小每组连续选定多边形的外边，单击其后的"设置"按钮，进行更多设置。
- **倒角**：对选定多边形执行倒角操作，单击其后的"设置"按钮，进行更多设置。
- **插入**：执行没有高度的倒角操作，即在选定多边形的平面内执行该操作，单击其后的"设置"按钮，进行更多设置。

实战练习 使用多边形建模制作单人椅模型

多边形建模作为现今流行的主流建模方法之一，具有操作灵活、硬件要求低等优点，利用它可以创建出各式各样的模型，下面将以使用多边形建模方式制作单人椅模型为例，介绍具体的操作方法。

步骤 01 激活前视图，在"创建"面板中单击"几何体"按钮，选择"标准几何体"选项，然后单击"球体"按钮，在前视图中画一个"半径"为25的球体，勾选"启用切片"复选框，并设置"切片起始位置"值为−90、"切片结束位置"值为90，如下左图所示。

步骤 02 进入"修改"面板，右键单击堆栈中的基本体对象，在弹出菜单中选择"可编辑多边形"命令，将半球模型转换为可编辑多边形，进入"多边形"子对象层级，选择如下右图所示的多边形，并将其删除。

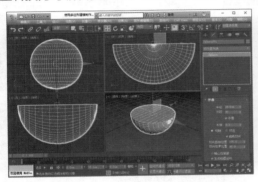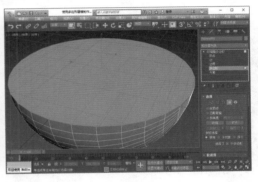

步骤 03 进入"边界"子对象层级，单击几何体中边界线，然后在"编辑边界"卷展栏中，单击"封口"按钮，如下左图所示。

步骤 04 退出子对象层级，右击"主工具栏"中的"选择并均匀缩放"按钮，在弹出的"缩放变换输入"面板中将"Y"值设为70，如下右图所示。

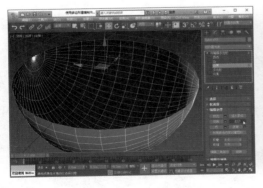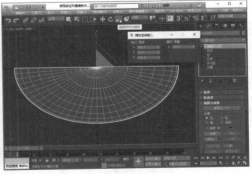

步骤 05 在"多边形"层级中选择封口得到的面，在"编辑多边形"卷展栏中的"插入"按钮后单击"设置"按钮，在视口中出现的面板中，将"插入数量"值设置为6，单击"插入确定"按钮完成插入操作，如下左图所示。

步骤06 选择如下右图所示的多边形，在"编辑多边形"卷展栏的"挤出"按钮后单击"设置"按钮，在视口中出现的面板中，将"挤出多边形高度"值设置为20，单击"挤出多边形确定"按钮完成挤出操作。

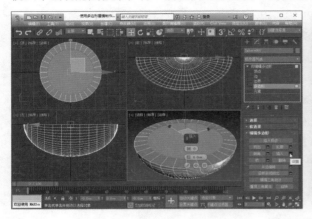
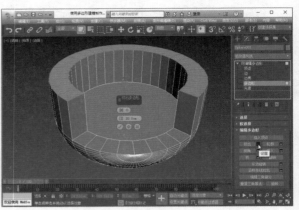

步骤07 选择如下左图所示的多边形，再次执行挤出操作，并将"挤出多边形高度"值设置为10。

步骤08 选择如下右图所示的多边形，单击"编辑多边形"卷展栏中"倒角"后的"设置"按钮，在视口中出现的面板中，将"倒角高度"和"倒角轮廓"值都设置为-4，单击"倒角确定"按钮完成倒角操作。

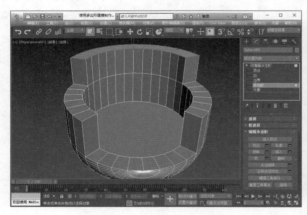
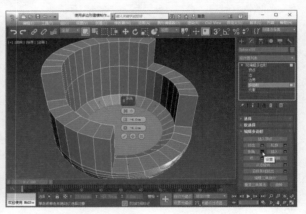

步骤09 切换到"边"子对象层级中，在前视图中从右至左框选如下左图所示的多个边。

步骤10 单击"编辑边"卷展栏中"连接"后的"设置"按钮，在视口中出现的面板中，将"连接边-分段"值设置为3，单击"连接边-确定"按钮。

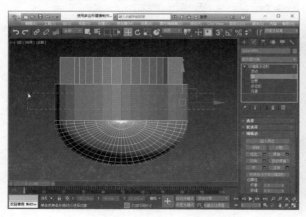
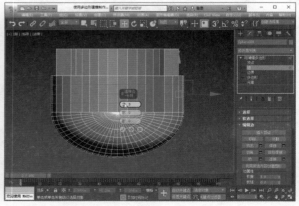

步骤11 选择如下左图所示的边，再次执行"连接"操作，将"连接边-分段"值设置为3，单击"连接边-确定"按钮完成连接操作。

步骤12 选择如下右图所示边中的任意一边，在"选择"卷展栏中单击"环形"按钮，完成多个边的选取操作。

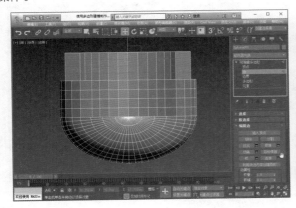 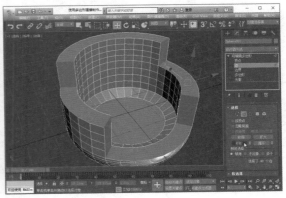

步骤13 在"编辑边"卷展栏中执行"连接"操作，在出现的面板中，将"连接边-分段"和"连接边-收缩"值分别设置为2和8，如下左图所示。

步骤14 选择如下右图所示的边，将其在Z轴上移动一定的距离。

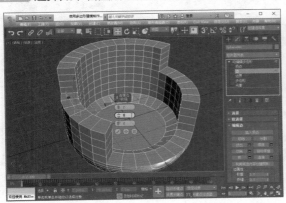 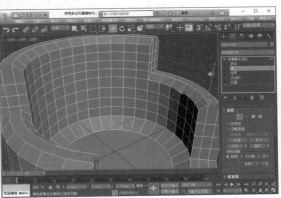

步骤15 为对象添加FFD（长方体）修改器，在"FFD 参数"卷展栏中单击"设置点数"按钮，在打开的"设置FFD 尺寸"对话框中将"长度"、"宽度"和"高度"值都设置为6，如下左图所示。

步骤16 进入"控制点"子对象层级，调整控制点的位置，如下右图所示。

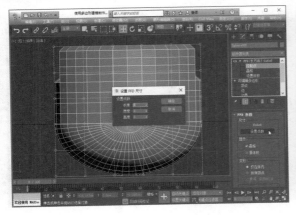 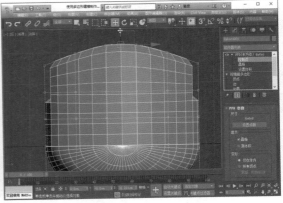

步骤 17 接着为对象添加"网络平滑"修改器，如下左图所示。

步骤 18 利用切角圆柱体工具，在视口中创建一个"半径"、"高度"和"圆角"值分别18、3、1，"圆角分段"和"边数"值分别为5、32的圆柱体。

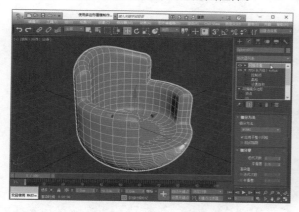 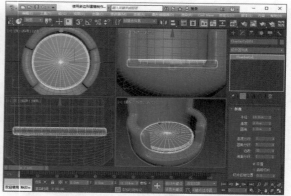

步骤 19 在顶视图中创建一个"半径"值为1.5的圆形，其位置如下左图所示。

步骤 20 为圆形添加一个"挤出"修改器，在"参数"卷展栏中设置"数量"值为-8，如下右图所示。

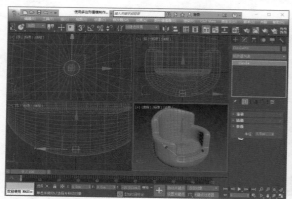 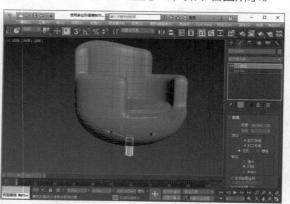

步骤 21 将挤出对象转换为可编辑多边形，单击"编辑多边形"卷展栏中"倒角"后的"设置"按钮，在打开的面板中，将"倒角-高度"值设置为0，"倒角-轮廓"值设置为1.5，单击"倒角-应用并继续"按钮完成操作，如下左图所示。

步骤 22 接着再将"倒角-高度"值设置为10，"倒角-轮廓"值设置为0，单击"倒角-应用并继续"按钮，如下右图所示。

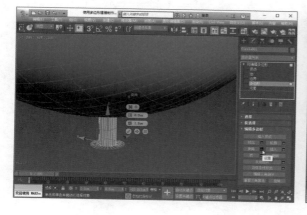 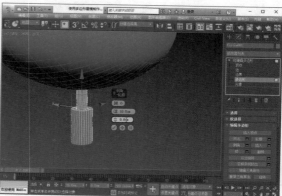

步骤 23 再次将"倒角–高度"值设置为3,"倒角–轮廓"值设置为15,单击"倒角–确定"按钮完成倒角操作,如下左图所示。

步骤 24 整理模型,最终效果如下右图所示。

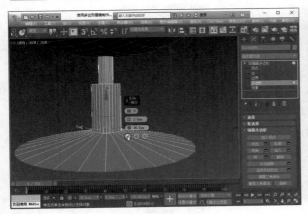 

3.4.3 可编辑网格

可编辑网格与可编辑多边形类似,有顶点、边、面、多边形和元素5个子对象层级,有"选择"、"软选择"、"曲面属性"和"编辑几何体"4个卷展栏。其操作方法和参数设置基本上也与可编辑多边形相同,不同的是可编辑网格是由三角形面组成,而可编辑多边形是由任意顶点的多边形组成。

将对象转化为可编辑网格的操作会移除所有的参数控件,包括创建参数,将不能增加长方体的分段数、对圆形基本体执行切片处理或更改圆柱体的边数等,且应用于对象的所有修改器也遭到塌陷。对象转化为可编辑网格后,留在堆栈中的唯一选项是"可编辑网格"。

可编辑网格的转换,除了可以使用与其他可编辑对象的转换相同的3种方法外,还可以切换至"实用程序"面板中,单击"塌陷"按钮,在"塌陷"卷展栏中选择"输出类型"选项组中的"网格"单选按钮,最后单击"塌陷选定对象"按钮,完成转换操作。

知识延伸：NURBS建模

使用 NURBS曲线和曲面建模是高级建模的方法之一，该方法特别适合创建含有复杂曲线的曲面模型，下面为用户介绍NURBS曲面的相关内容。

- **创建方法**：其一，在"创建"面板中单击"几何体"按钮，在几何体类型列表中选择"NURBS曲面"选项；其二，可以对创建出的基本体等对象执行右键快捷菜单中的转换命令。
- **参数卷展栏**：NURBS曲面对象有右图1所示的7个卷展栏，在"常规"卷展栏中单击相应按钮，可以打开NURBS创建工具箱。
- **NURBS创建工具箱**：提供了许多NURBS创建工具，如右图2所示。

 上机实训：制作吊篮藤椅模型

经过本章知识的学习，下面将利用样条线、NURBS曲线、基本体、修改器等功能，根据下述操作步骤，来制作出一个吊篮藤椅模型。

步骤 01 在"创建"面板中单击"球体"按钮，选择"标准基本体"中的"球体"，在视口中创建一个"半径"为55，"分段"为32，勾选"启用切片"复选框，并设置"切片起始位置"为0、"切片结束位置"为180，如下左图所示的半球。

步骤 02 选择创建的半球，将其命名为"半球001"，按下Ctrl+V组合键，原位复制出"半球002"。右键单击"半球002"对象，执行"转换为>转换为NURBS"命令，如下右图所示。

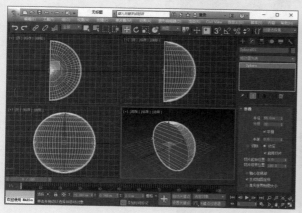
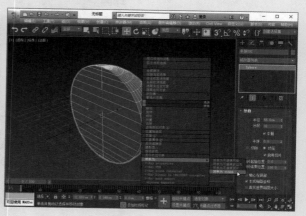

步骤 03 在"半球002"的修改面板中，展开"常规"卷展栏，单击"显示"选项组后的"NURBS创建工具箱"按钮，如下左图所示。

步骤 04 在打开的NURBS工具箱中，单击"创建曲面上的点曲线"按钮，利用该工具在NURBS曲面上创建点曲线。

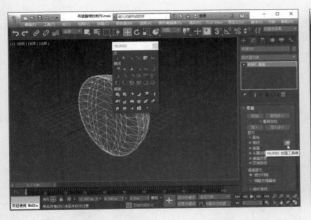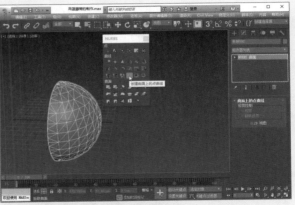

步骤 05 利用"创建曲面上的点曲线"工具在半球曲面上随意绘制出凌乱的点曲线，如下左图所示。

步骤 06 进入半球对象的"曲线"子层级，选择所绘曲线，单击"曲线公用"卷展栏中的"分离"按钮，打开"分离"对话框，取消勾选"相关"复选框，如下右图所示。

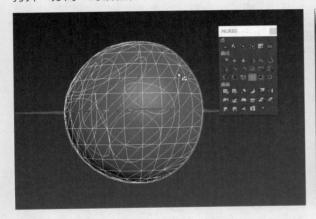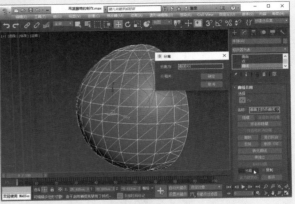

步骤 07 单击"确定"按钮将曲线分离出来，返回"NURBS曲面"对象层级，将"半球002"删除。展开分离出的曲线的"渲染"卷展栏，勾选"在渲染中启用"、"在视口中启用"复选框，在"渲染"选项组中，单击"径向"单选按钮，并设置"厚度"值为0.3，将曲线旋转复制出多个实例对象，如下左图所示。

步骤 08 选择"半球001"对象并将其"半径"值改为54，在"半球001"上单击鼠标右键，执行"转换为>转换为可编辑多边形"命令，将其转换为可编辑多边形。进入"多边形"子对象层级，选中如下右图所示的多边形并将其删除。

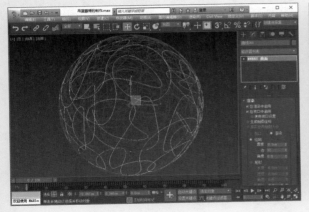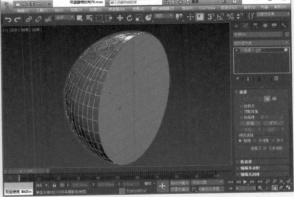

步骤 09 进入"边"子对象层级，选择如下左图所示的多个线段，在"选择"卷展栏中单击"循环"按钮。

步骤 10 接着在选中的线段上单击鼠标右键，在打开的快捷菜单中选择"创建图形"命令，在弹出的"创建图形"对话框中，将"图形类型"设置为"线性"，单击"确定"按钮完成线的提取操作，如下右图所示。

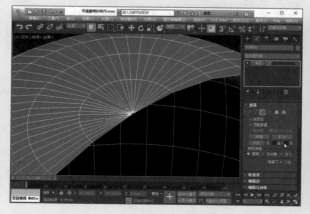 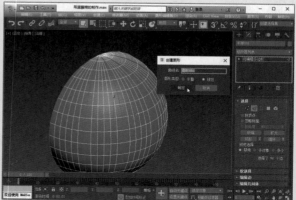

步骤 11 孤立提取出的图形，进入"顶点"子对象层级，框选如下左图所示的点，在"几何体"卷展栏中单击"断开"按钮。

步骤 12 展开"渲染"卷展栏，勾选"在渲染中启用"、"在视口中启用"复选框，在"渲染"选项组中单击"径向"单选按钮，并将"厚度"值设为2.5，如下右图所示。

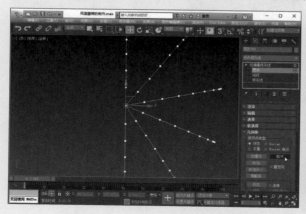 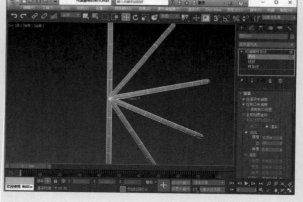

步骤 13 退出孤立模式，将"半球001"删除。选择如右图所示的多个藤条模型，为它们添加"FFD长方体"修改器，进入"控制点"子对象层级，对藤条模型进行相应的调整。

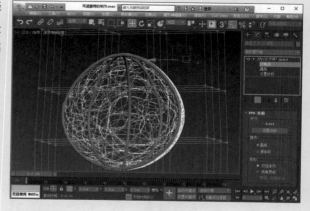

步骤 14 利用"线"、"弧"和"圆"等工具，画出如下左图所示的吊篮支架模型。

步骤 15 使用"切角长方体"工具，在视口中创建一个"长度"、"宽度"值均为50，"高度"值为10，"圆角"值为3，"长度分段"、"宽度分段"和"圆角分段"值均为8，"高度分段"值为3的切角长方体，位置如下右图所示。

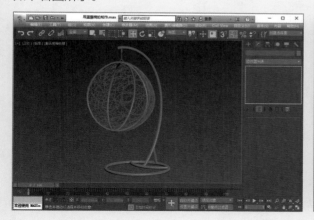 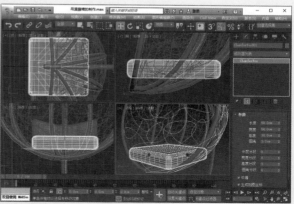

步骤 16 给切角长方体添加一个"FFD长方体"修改器，在"FFD参数"卷展栏中单击"设置点数"按钮，在弹出的"设置FFD尺寸"对话框中将"长度"、"宽度"和"高度"值都设置为8，单击"确定"按钮完成设置，如下左图所示。

步骤 17 进入"控制点"子对象层级，根据如下右图所示的位置调节控制点。

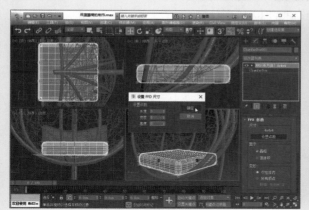 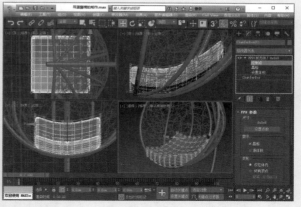

步骤 18 整理、塌陷各部位模型，至此吊篮藤椅模型制作完成，效果如下图所示。

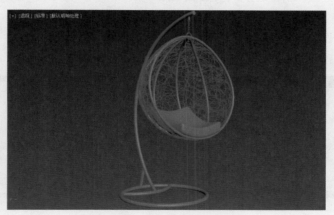

课后练习

1. 选择题

（1）下列各选项中，（　　）属于扩展基本体。

　　A. 圆柱体　　　　　B. 几何球体　　　　　C. 切角长方形　　　　D. 加强型文本

（2）要创建复合对象，需在"创建"面板中单击（　　）按钮，接着在相应的类型列表中进行选择。

　　A. 几何体　　　　　B. 图形　　　　　　　C. 辅助对象　　　　　D. 系统

（3）下列各选项中，（　　）不属于常用的二维修改器。

　　A. 车削　　　　　　B. 放样　　　　　　　C. 倒角剖面　　　　　D. 挤出

（4）下面（　　）修改器可以将对象的线段或边转化为圆柱结构，并在顶点上产生可选的关节多面体。

　　A. 弯曲　　　　　　B. FFD　　　　　　　C. 晶格　　　　　　　D. 网格平滑

（5）在可编辑多边形的边或边界子对象层级中，以下（　　）操作，可以通过选择所有平行于选中边的边来扩展边选择，从而快速选择多个边。

　　A.收缩　　　　　　B.扩大　　　　　　　C. 环形　　　　　　　D. 循环

2. 填空题

（1）在"创建"面板中，几何基本体的类型有_____和_____两种。

（2）在布尔运算中，_____运算可以将执行运算对象的体积合并，并删除对象相交或重叠的部分。

（3）在3ds Max中，众多修改器被划分为_____、_____、_____3大类型，其中_____使用局部坐标系，直接影响局部空间中对象的几何体，包含的修改器种类也最为繁多。

（4）在可编辑样条线中，顶点的类型有_____、_____、_____、_____4种。

（5）可编辑多边形中，子对象层级的类型有_____、_____、_____、_____、_____5种。

3. 上机题

　　利用随书光盘中提供的"花纹.max"文件，根据下图所示，利用平面、图形合并、可编辑多边形、弯曲修改器、壳修改器、FFD（长方体）修改器等综合操作，制作镂空陶瓷模型。

（1）利用平面工具创建出一个有足够多分段的平面；

（2）利用"图形合并"命令将导入的"花纹"图形合并到平面上；

（3）利用"弯曲"修改器和可编辑多边形命令进行进一步操作；

（4）利用"壳"和"FFD（长方体）"修改器进行最终细化操作。

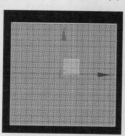 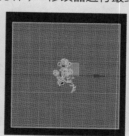  

Chapter 04 材质与贴图

本章概述

本章将对3ds Max中材质与贴图的相关知识进行详细介绍。在学习过程中，用户需掌握材质编辑器面板中各部分命令及参数设置，掌握常用材质和贴图的使用方法，如标准材质、V-Ray材质、位图贴图、平铺贴图、衰减贴图等，能够利用本章知识完成基本的材质设计。

核心知识点
① 掌握材质编辑器面板的应用
② 知道3ds Max的材质分类
③ 熟悉标准材质的参数设置
④ 掌握V-Ray材质的应用
⑤ 知道3ds Max贴图类型

4.1 材质的编辑与管理

材质可以详尽描述对象如何反射或透射灯光，同时利用贴图等来模拟对象的颜色、纹理、质地、光泽度、不透明度等属性，从而使场景对象更加真实、细致。本节主要为用户介绍材质的一些基本知识，以及如何使用材质编辑器管理材质。

4.1.1 材质的基础知识

在3ds Max中，材质属性与灯光属性相辅相成，材质属性的体现受灯光参数的影响，因此用户在设计材质前，需要了解一些材质基本属性的含义。此外还需了解工作中设计材质的流程概要，以便为以后的学习创作做好准备。

1. 材质的基本属性

真实世界中，用户可以通过视觉、触觉等感官感觉来体会物体的样貌、质感，在3ds Max构建的虚拟世界中，这一切可以通过物体的相关物理属性进行模拟创作，这些物理属性包括漫反射、高光、放射、折射、不透明度等。

● **漫反射**：对象表面放映出的颜色，即通常所说的对象颜色。漫反射因灯光和环境因素的影响而有所偏差。

● **高光反射**：物体表面高亮处显示的颜色，反映了照亮灯光的颜色，当其颜色与漫反射颜色相符时，会产生一种无光效果，从而降低材质的光泽性。

● **不透明度**：该属性可以使场景中的对象产生透明效果，而使用贴图可以产生局部透明效果。

● **反射/折射**：反射是指光线投射到物体表面后，根据入射角度将光线反射出去，如平面镜可以使对象表面放映反射角度方向；折射是指光线透过对象后，改变了原有光线的投射角度，使光线产生偏差，如透过水面看对象。

2. 工作流程概要

创建模型后，就需要创建新材质并将其应用于对象，从而使对象显得更加真实、更有质感。通常情况下，材质的设计工作都遵循以下步骤。

第1步：因可用的材质取决于活动渲染器，故首先选择要使用的渲染器，并使其成为活动渲染器；

第2步：打开材质编辑器，选择材质类型，并为材质命名；

第3步：在材质编辑器中，设置各材质组件的相关参数，如漫反射颜色、光泽度、不透明度等；

第4步：将贴图指定给相应的材质通道上，并调节其参数；

第5步：将材质指定给选定对象；

第6步：如有必要，应调整UV贴图坐标，以便正确定位带有对象的贴图；

第7步：保存材质。

4.1.2 材质编辑器

在材质编辑器中，用户可以创建和编辑材质，并将贴图指定给相应的材质通道。材质编辑器是一个非常重要的独立面板，场景中所有的材质都在该面板中制作完成。

3ds Max提供了精简材质编辑器和Slate材质编辑器两种材质编辑器面板，前者与后者相比较小，精简材质编辑器面板主要由菜单栏、示例窗（球体）、工具栏和参数卷展栏4部分组成，下文将对这4部分进行详细介绍，下图所示分别为精简材质编辑器面板和Slate材质编辑器面板。

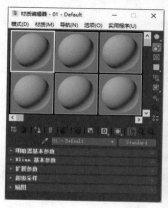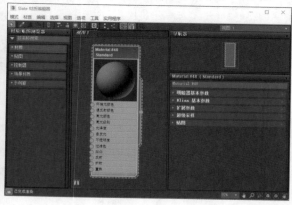

用户可以通过以下3种方法来打开材质编辑器面板：

方法1：在菜单栏中执行"渲染>材质编辑器>精简材质编辑器"命令；

方法2：在主工具栏中单击"材质编辑器"按钮；

方法3：按下快捷键M。

1. 菜单栏

位于面板界面的顶部，提供了调用各种材质编辑器工具的方式，由"模式"、"材质"、"导航"、"选项"和"实用程序"5个菜单组成，以下为常用的菜单介绍。

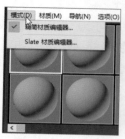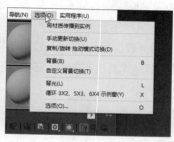

- **"模式"菜单**：用于精简材质编辑器和Slate材质编辑器之间的切换操作。
- **"材质"、"导航"菜单**：这两个菜单中包含一些常用的管理和更改贴图及材质的子菜单，其中绝大部分子菜单的功能与工具栏中的命令按钮功能一致。

- **"选项"菜单**：提供了一些附加的工具和显示选项，其中"循环切换3X2、5X3、6X4示例窗"子菜单命令可以将示例窗数目在3X2、5X3和6X4间进行循环，示例窗最多数目为24个。
- **"实用程序"菜单**：提供了渲染贴图和按材质选择对象等命令，其中"重置材质编辑器窗口"命令可将默认的材质类型替换材质编辑器示例窗口中的所有材质，此操作不可撤销；而"精简材质编辑器窗口"命令可将示例窗口中所有未使用的材质设置为默认类型，只保留场景中的材质，并将这些材质移动到编辑器的第一个示例窗中，此操作同样不可撤销。但"重置材质编辑器窗口"和"精简材质编辑器窗口"命令都可用"还原材质编辑器窗口"命令，还原示例窗口以前的状态。

2. 示例窗（球体）

位于面板界面的上部，可以对材质或贴图进行预览显示，在每个窗口中都可以预览一个材质，单击示例窗将其激活，活动示例窗周围显示为白色边界。

- **采样数目**：默认情况下示例窗中有6个采样对象，示例窗最多采样数目为24个，当一次查看的窗口采样数少于24个时，可以使用滚动条在它们之间进行移动查看。
- **采样类型**：默认情况下采样对象是一个球体，用户可以在材质编辑器的纵向工具栏中单击"采样类型"按钮，更改采样对象的预览形状，有球体、圆柱体和正方体3种类型。

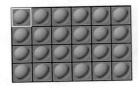 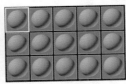 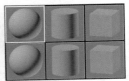

- **窗口显示对象**：示例窗中既可以显示材质，也可以显示贴图。
- **示例窗右键菜单**：当右键单击活动示例窗时，会弹出一个快捷菜单，该菜单包含一些常用命令。如执行"拖动/旋转"命令时，可以旋转材质球来观察材质球其他位置的效果；而执行"放大"命令时，可以将示例窗进行单独、浮动和放大处理。在某个示例窗上双击，也可达到"放大"命令的效果。

 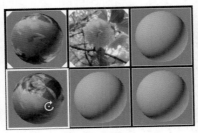 

3. 工具栏及其他字段

精简材质编辑器中的工具栏由两部分组成，分别位于示例窗的底部和右侧面，工具栏中的工具及工具栏下面的控件，用于管理和更改贴图及材质。

（1）示例窗底部工具栏（横向）

- **获取材质**：单击该按钮可以打开"材质/贴图浏览器"面板，在该面板中用户可以选择材质或贴图类型，也可以单击"材质/贴图浏览器选项"下拉按钮，进行材质库的新建与打开等操作。
- **将材质放入场景**：在编辑材质之后更新场景中的材质。
- **将材质指定给选定对象**：将活动示例窗中的材质应用于场景中当前选定的对象，同时示例窗将成为热材质。

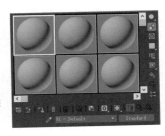

- **重置贴图/材质为默认设置：**可以将活动示例窗中的贴图或材质值重置。
- **生成材质副本：**通过复制自身的材质，生成材质副本而冷却当前热示例窗。
- **使唯一：**可以使贴图实例成为唯一的副本，还可以使一个实例化的子材质成为唯一的独立子材质，并为该子材质提供一个新材质名，其中子材质是"多维/子对象"材质中的一个材质。
- **放入库：**可以将选定的材质添加到当前库中。
- **材质ID通道：**按住该按钮不放，可以弹出诸多材质ID通道按钮，这些按钮能将材质标记为"视频后期处理"效果或渲染效果，或存储以RLA或RPF文件格式保存的渲染图像的目标，以便通道值可以在后期处理应用程序中使用，材质ID值等同于对象的G缓冲区值。
- **视口中显示明暗处理材质：**按住此按钮不放，可以将贴图在视口中以两种显示方式进行切换，这两种方式是：明暗处理贴图（Phong）或真实贴图（全部细节）。
- **显示最终结果：**可以查看所处级别的材质，而不查看所有其他贴图和设置的最终结果。
- **转到父对象：**可以在当前材质中向上移动一个层级。
- **转到下一个同级项：**将移动到当前材质中相同层级的下一个贴图或材质。

（2）示例窗右侧面工具（纵向）

- **采样类型：**选择要显示在活动示例窗中的几何体类型，有球体、圆柱体和正方体3种。
- **背光：**将背光添加到活动示例窗中。默认情况下，此按钮处于启用状态。
- **背景：**启用该按钮可以将多颜色的方格背景添加到活动示例窗中，如果要查看不透明度和透明度的效果，该图案背景很有帮助。
- **采样UV平铺：**按住该按钮不放，将弹出可以在活动示例窗中调整采样对象上的贴图图案重复的不同按钮。
- **视频颜色检查：**用于检查示例对象上的材质颜色是否超过安全NTSC或PAL阈值。
- **生成预览：**按住该按钮可弹出生成预览、播放预览和保存预览3个按钮，为动画贴图向场景添加运动。
- **选项：**单击该按钮可以打开"材质编辑器选项"对话框，用于控制如何在示例中显示材质和贴图。
- **按材质选择：**可以基于"材质编辑器"中的活动材质选择对象，该活动示例窗包含场景中使用的材质，否则此命令不可用。
- **材质/贴图导航器：**单击该按钮可以打开一个无模式对话框，在该对话框中可以通过材质中贴图的层次或复合材质中子材质的层次快速导航。

（3）工具栏下面的控件

- **从对象拾取材质（滴管）：**可以从场景中的一个对象上选择材质。具体使用方法是：单击该按钮，然后将滴管光标移动到场景中的对象上，当滴管光标位于包含材质的对象上时，滴管充满"墨水"，单击该对象后，此对象上的材质会出现在活动示例窗中。
- **名称字段（材质和贴图）：**显示和修改材质或贴图的名称。
- **类型：**单击该按钮，显示"材质/贴图浏览器"对话框，然后选择活动示例窗的材质类型或贴图类型。

（4）反射比和透射比的显示

反射比和透射比在示例窗和工具栏之间，一般不启用，仅在"首选项"对话框的"光能传递"选项卡上勾选"材质编辑器"组中的"显示反射比和透射比信息"复选框后才显示该信息。在用光能传递解决方案来模拟物理准确的照明时，材质的反射比和透射比值才尤其重要。

4. 参数卷展栏

位于材质编辑器界面的下部，几乎所有的材质参数都在这里进行设置，是用户使用最频繁的区域，因不同的材质类型具有不尽相同的卷展栏，故此区域将在以后的"材质类型"章节中进行详尽介绍。

实战练习 操作材质编辑器面板

下面将用具体的操作步骤来演示如何使用材质编辑器面板。

步骤01 打开随书光盘中的"操作材质编辑器面板.max"文件，按下快捷键M，打开材质编辑器面板，选择材质01-Default，在名称字段区域的文本框中输入名称"花"，如下左图所示。

步骤02 在视口中选择对象并返回材质编辑器面板，选择"玻璃"材质，在横向工具栏中单击"将材质指定给选定对象"按钮，为对象赋予材质，如下右图所示。

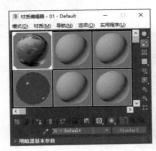
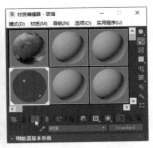

步骤03 按住"玻璃"材质球不放，拖动到空白材质球上，松开鼠标即可将玻璃材质复制到一个新的材质球上，如下左图所示。

步骤04 选择复制出的玻璃材质球，将其重命名为"玻璃01"，在纵向工具栏中单击"背景"按钮，将该示例窗中材质球的默认背景改为多颜色的方格，以便观察，如下右图所示。

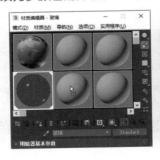
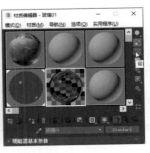

步骤05 选择"花"材质并复制出一个新的材质球，然后在材质球上单击鼠标右键，在弹出的快捷菜单中选择"拖动/旋转"，如下左图所示。旋转材质球以便观察材质球其他部位，如下中图所示。

步骤06 双击"花"材质球，或在材质球上单击鼠标右键，在弹出的快捷菜单中选择"放大"命令，从而将材质球放大悬浮处理，该材质球独立显示，可随意放置到任何位置，如下右图所示。

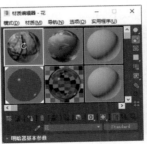
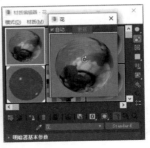

4.1.3 材质的管理

用户可以通过"材质管理器"或"材质/贴图浏览器"面板来管理和浏览场景中的所有材质贴图。"材质/贴图浏览器"面板可在材质编辑器中单击横向工具栏中的"获取材质"按钮来打开，而"材质管理器"面板可以在菜单栏中执行"渲染>材质资源管理器"命令打开，右图所示为"材质管理器"面板。

因"材质编辑器"面板显示的材质数量有限，而"材质管理器"面板却可以浏览场景中的所有材质、贴图，查看材质应用到的对象，更改材质分配，或以其他方式管理材质。故当前场景较为复杂、材质较多时，用户可以选择"材质管理器"面板来管理材质贴图。

"材质管理器"面板包含两部分，上部为"场景"面板，下部为"材质"面板。"场景"面板类似于"场景资源管理器"面板，用户可以在其中浏览和管理场景中的所有材质与对象，利用"材质"面板可以浏览和管理单一的材质，分配或更换材质的贴图等。

4.2 材质类型

3ds Max中包含多种不同的材质类型，不同的材质有不同的用途，正如材质设计工作流程的第1步所言，因可用的材质类型取决于活动渲染器，故在选择材质类型前，应先选择要使用的渲染器，然后再打开"材质/贴图浏览器"面板，从中进行材质类型的选择，下图所示分别为ART渲染器、默认扫描线渲染器和V-Ray渲染器下的"材质/贴图浏览器"面板。

 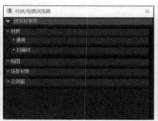 

1. "材质/贴图浏览器"面板的打开

用户可以在菜单栏中执行"渲染>材质/贴图浏览器"命令，打开"材质/贴图浏览器"面板，或者是在"材质编辑器"面板中单击工具栏下面的"类型"按钮，打开"材质/贴图浏览器"面板，两者功能一致。

2. "材质/贴图浏览器"面板的组成

"材质/贴图浏览器"面板中大致包括以下内容："材质"、"贴图"、"场景材质"和"示例窗"卷展栏等。其中"材质"卷展栏中的内容因活动渲染器不同会有所差别，不同的材质类型在此选取。

3. 材质类型

在"材质"卷展栏中大致有如下几个子卷展栏：Autodesk、"通用"、"扫描线"和V-Ray子卷展栏，每种子类别下都有数目不等的材质类型，而"通用"、"扫描线"和V-Ray中的材质较为常用。

● **Autodesk材质**：是构造、设计和环境中常用的材质，与Autodesk Revit材质以及AutoCAD和

Autodesk Inventor中的材质对应。3ds Max中的Autodesk材质包括Autodesk 塑料、实心玻璃、墙漆、常规、水、混凝土、玻璃、石料、砖石CMU、硬木、金属、金属漆、镜子和陶瓷14种。

- **通用材质**："通用"类别下的材质适用于各种渲染器，主要包括物理材质、双面、多维/子对象、顶/底和混合等，其中双面、多维/子对象、顶/底和混合材质属于复合材质类型。
- **扫描线下的光度学材质**：包括光线跟踪、建筑、标准和高级照明覆盖4种材质，其中标准材质使用最为广泛，几乎在所有的渲染器下都可渲染，下文将对其进行详尽介绍。
- **V-Ray材质**：用户若要使用V-Ray材质类型，首先应安装V-Ray渲染器插件。V-Ray材质种类繁多，达20多种，在日常工作中应用较为广泛，效果较为理想。

4.2.1　标准材质

在3ds Max中，标准材质是使用最普遍的材质类型，它可以模拟对象表面的反射属性。标准材质既可以为对象提供单一的颜色，也可使用贴图制作更为复杂多样的材质。通常情况下，按下M键打开"材质编辑器"面板，其中的所有材质球都为标准材质类型，如右图所示。

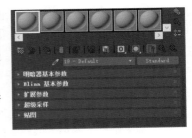

标准材质主要包含"明暗器基本参数"、"Blinn基本参数"、"扩展参数"和"贴图"等多个卷展栏。

1. "明暗器基本参数"卷展栏

该卷展栏主要为活动材质选择不同的着色类型（即明暗处理类型），此外还附加一些影响材质显示方式的控件，如右图所示。

（1）明暗器类型

在标准材质和光线跟踪材质中都可指定明暗处理类型，"明暗器"是一种用于描述曲面响应灯光方式的算法，每个明暗器最明显的特征之一就是生成反射高光的方式不同。在"明暗器基本参数"卷展栏中，单击明暗器下拉按钮，从列表中可选择所需的明暗器类型的名称，共8种，下图依次为各向异性、Blinn、金属、多层、Oren-Nayar-Blinn、Phong、Strauss和半透明明暗器效果球展示。

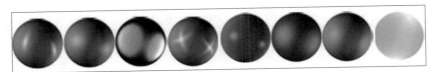

- **各向异性**：该明暗器在对象表面上使用椭圆形在U维和V维两个不同维度创建高光，这些高光在表现头发、玻璃或磨砂金属效果时用处显著，故上述情况多使用"各向异性"明暗器。
- **Blinn**：是最常用的一种明暗器，可以获得灯光以低角度擦过对象表面时产生的高光，使用该明暗器处理明暗时往往能比Phong明暗处理得到更圆、更柔和、更显细微变化的高光。
- **金属**：用于处理效果逼真的金属表面以及各种看上去像有机体的材质。

- **多层：** 有着比各向异性明暗器更复杂的高光，包括一套两个反射高光控件，适用于高度磨光的曲面。
- **Oren-Nayar-Blinn：** 是在Blinn明暗器基础上进行改变，适用于布料或陶土等无光曲面。
- **Phong：** 该明暗器可以平滑面之间的边缘，还可真实地渲染有光泽、规则曲面的高光，适用于具有强度很高的、圆形高光的表面。
- **Strauss：** 适用于金属和非金属曲面。
- **半透明：** 该明暗器与Blinn明暗处理方式类似，用于指定光线透过材质时散布的半透明度效果。

（2）其他控件

在"明暗器基本参数"卷展栏中，除了可以设置不同的明暗器外，还可以设置不同材质的显示方式。

- **线框：** 以线框模式渲染材质，用户可以在扩展参数上设置线框的大小。
- **双面：** 使材质成为双面，将材质应用到选定面的双面上。
- **面贴图：** 将材质应用到几何体的各面，如果材质是贴图材质，则不需要使用贴图坐标，贴图会自动应用到对象的每一面。
- **面状：** 如同表面是平面一样，渲染表面的每一面。

2. "Blinn基本参数"卷展栏

不同的明暗器对应不同的基本参数卷展栏，故基本参数卷展栏会因所选的明暗器而异。因Blinn明暗器最为常用，也是系统默认的明暗器，故下面将以"Blinn基本参数"卷展栏为例，讲解材质的多种参数。

- **环境光和漫反射：** 设置材质的颜色，"环境光"颜色控制阴影中的颜色（受间接灯光影响），"漫反射"颜色控制直射光中的颜色。一般情况下锁定两种颜色，使它们保持一致，更改其中一种另一种也随之改变，可添加贴图。
- **高光反射：** 控制物体高亮处显示的颜色，可指定贴图，也可在"反射高光"选项组中控制高光的大小和形状。
- **自发光：** 该选项组可以使材质从自身发光，勾选复选框时，自发光的颜色可替换曲面上的阴影，从而创建白炽效果。当增加自发光时，自发光颜色将取代环境光，可为自发光添加贴图。
- **不透明度：** 控制材质是不透明、透明还是半透明效果，单击贴图按钮可指定不透明度贴图。
- **高光级别：** 影响"反射高光"的强度，值越大，高光将越亮，在标准材质中默认值为0，可添加贴图。
- **光泽度：** 影响"反射高光"的区域大小，随着该值增大，高光区域将越来越小，材质也将变得越来越亮，在标准材质中默认值为10，单击其后的贴图按钮可指定光泽度贴图。
- **柔化：** 用于柔化反射高光的效果，特别是由掠射光形成的反射高光。当"高光级别"值很高，而"光泽度"值很低时，对象表面上会出现剧烈的背光效果，这时增加"柔化"值可以减轻这种效果。柔化值为0表示没有柔化，1表示将应用最大量的柔化，默认设置为0.1。
- **高光图：** 该曲线显示调整"高光级别"和"光泽度"值的效果。降低"光泽度"值时，曲线将变宽，而增加"高光级别"值时，曲线将变高。

3. 其他参数卷展栏

除上述两种常用卷展栏外，标准材质中还包括"扩展参数"、"超级采样"和"贴图"卷展栏。"扩展参数"卷展栏除在Strauss和半透明两种明暗器下不同外，在其余6种明暗处理类型下都是相同的，它可以设置"高级透明"、"反射暗淡"和"线框"选项组相关参数。而在"贴图"卷展栏中可以添加和修改贴图类型。

提示：贴图的添加方法

在"Blinn基本参数"卷展栏中，单击各参数后的贴图按钮，打开"材质/贴图浏览器"面板，进行贴图的设置。用户也可以在"贴图"卷展栏中指定参数前勾选相应的复选框，再单击其后按钮进行贴图设置，如右图所示。

实战练习 使用标准材质制作水杯材质

标准材质与其他材质类型相比较，因其参数少、易理解和渲染速度快等因素，受到许多3ds Max初学者的青睐。下面将用具体的操作步骤来演示如何使用标准材质制作水杯材质。

步骤 01 打开随书光盘中的"使用标准材质制作水杯材质.max"文件，按下F10键，打开"渲染设置"面板，将"渲染器"设置为V-Ray，其他参数保持文件中已有的设置，如下左图所示。

步骤 02 将视口切换至摄像机视图，单击"渲染设置"面板中的"渲染"按钮，或是按下F9键，对摄像机视图进行渲染测试，如下右图所示。

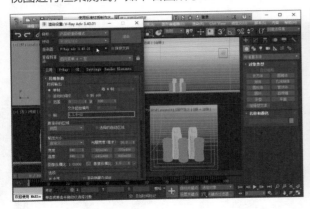 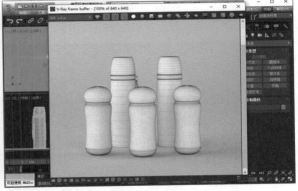

步骤 03 按下M键，打开"材质编辑器"面板，在"示例窗"中选择一个空白材质球，将该材质球命名为"水杯材质01"，保持Standard（即"标准"）材质不变，在"明暗器基本参数"卷展中，单击明暗器下拉列表，从列表中选择"金属"选项，如下左图所示。

步骤 04 在"金属基本参数"卷展栏中，单击"环境光"和"漫反射"右侧的锁定按钮，解除两者的锁定状态，接着单击"环境光"后的色块，打开"颜色选择器"对话框，将"红"、"绿"、"蓝"的值都设置为100，单击"确定"按钮完成环境光颜色的设置，如下右图所示。

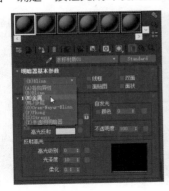 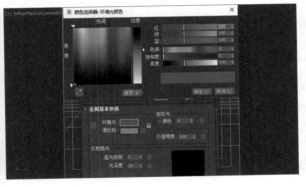

步骤 05 单击"漫反射"参数后的色块，打开"颜色选择器"对话框，将"红"、"绿"、"蓝"的值分别设置为170、255、52，单击"确定"按钮完成漫反射颜色的设置，如下左图所示。

步骤 06 在"金属基本参数"卷展栏的"反射高光"选项组中，将"高光级别"设置为75，"光泽度"设置为65，如下右图所示。

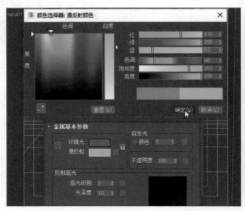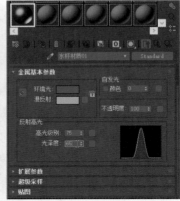

步骤 07 在视口中选择一个水杯对象，返回"材质编辑器"面板，单击横向工具栏中的"将材质指定给选定对象"按钮，为水杯赋予材质，如下左图所示。

步骤 08 按下F9键，对摄像机视图进行渲染测试，效果如下右图所示。

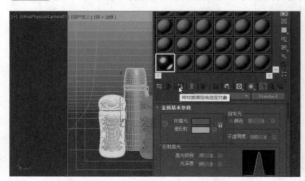

步骤 09 将"水杯材质01"材质球拖动复制到其他空白材质球上，单击"漫反射"参数后的色块，设置不同的漫反射颜色，修改材质名称后将其赋予其他水杯，多次执行上述操作，如下左图所示。

步骤 10 所有水杯材质制作完成后，拖动复制任一水杯材质，并将其命名为"水杯零件材质"，将漫反射颜色设为纯白色，"高光级别"、"光泽度"分别设为95、70，将材质赋予所有水杯零件后，按下F9键渲染摄像机视图，效果如下右图所示。

4.2.2 其他光度学材质

在扫描线渲染器的光度学材质中，除了应用最为广泛的标准材质外，还包括光线跟踪材质、建筑材质和高级照明覆盖材质，下面将对这3种材质进行简单介绍。

1. 光线跟踪材质

光线跟踪材质是一种高级的曲面明暗处理材质，与标准材质一样，都能支持漫反射表面明暗处理，但该材质能够创建完全光线跟踪的反射和折射，还支持雾、颜色密度、半透明、荧光等特殊效果。

因使用光线跟踪材质生成的反射和折射，要比用反射/折射贴图生成的反射和折射更精确，故在标准材质中如果需要设置精确的、光线跟踪的反射和折射时，可以使用光线跟踪贴图，即在反射、折射的贴图通道上添加光线跟踪材质。该材质主要包括一下几个卷展栏。

- **"光线跟踪基本参数"卷展栏**：控制材质的明暗处理、颜色组件、反射、折射以及凹凸等，如果使用光线跟踪材质来创建反射和折射，则只需要调整该卷展栏中的参数。
- **"扩展参数"卷展栏**：控制半透明和荧光等特殊效果。
- **"光线跟踪器控制"卷展栏**：影响光线跟踪器自身的操作，用于提高渲染性能等。

2. 建筑材质

建筑材质注重设置材质物理性质，因此当该材质与光度学灯光和光能传递一起使用时，能够产生具有精确照明水准的逼真渲染效果。借助这种功能组合，用户可以创建精确性很高的照明研究。此外，不建议在场景中将建筑材质与标准灯光或光线跟踪器一起使用。

- **"模板"卷展栏**：提供一些材质类型的列表，对于"物理性质"卷展栏而言，模板只是一组预设的参数，可提供入门指导。
- **"物理性质"卷展栏**：设置材质的漫反射、反光度、透明度、折射率、亮度等物理性质，是最需要调整的卷展栏。
- **"特殊效果"卷展栏**：控制凹凸、置换、强度、裁切的参数设置。
- **"高级照明覆盖"卷展栏**：调整光能传递中建筑材质的行为。

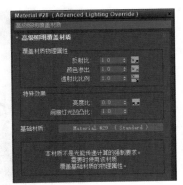

3. 高级照明覆盖材质

高级照明覆盖材质可直接控制材质的光能传递属性，通常是基础材质的补充，而基础材质可以是任意可渲染的材质。多数对象不需应用此材质，它对普通渲染没有影响，主要有以下两种用途。

- 调整在光能传递解决方案或光跟踪中使用的材质属性。
- 产生特殊的效果，如让自发光对象在光能传递解决方案中起作用。

右图所示为高级照明覆盖材质设置界面，包括以下主要内容。

- **"覆盖材质物理属性"选项组**：控制基础材质的高级照明属性。
- **"特殊效果"选项组**：在光能传递处理中考虑自发光材质，"亮度比"和"间接灯光凹凸比"参数与基础材质中的特殊组件相关联。

4.2.3 物理材质

物理材质是一种专注控制基于物理工作流的现代、分层的材质类型，与ART渲染器兼容使用，效果真实理想，但其渲染时间较长。物理材质的参数界面有"标准"和"高级"两种模式，"高级"模式是"标准"模式的超集，包括一些隐藏的参数，"标准"模式下的参数在大多数情况下足以生成切实可行的材质，下图所示分别为两种模式下的参数界面及"高级"模式下的"基本参数"卷展栏。

物理材质参数界面两种模式中的"预设"、"涂层参数"、"各向异性"、"特殊贴图"和"常规贴图"5个卷展栏完全相同，而"高级"模式下的"基本参数"卷展栏较"标准"模式下多了一些附加参数，以期为用户提供更多灵活的自定义设置，下面将为用户介绍主要参数卷展栏中的具体参数含义。

1. "高级"模式下的"基本参数"卷展栏

（1）"基本颜色"选项组

该选项组包含材质基础颜色的颜色、权重、贴图及漫反射粗糙度等参数设置。

（2）"反射"选项组

- **权重：** 控制反射的相对度量，通常设置为1.0来获得逼真的效果，取值范围为0~1之间，可添加贴图。
- **颜色：** 控制反射的颜色，默认为白色，可单击"颜色"旁边的按钮来选择贴图。
- **粗糙度：** 控制材质的粗糙度，较高的粗糙度值产生较模糊的效果，反之则产生更为镜面状的效果。可以勾选"反转"复选框进行反转操作。
- **金属度：** 控制在两个明暗处理模式之间的混合量，用于金属材质和非金属材质的渲染效果。

当"金属度"值为 0.0 时，"粗糙度"值分别为 0.0、0.3 和 0.6的效果，如下图所示。

当"金属度"值为1.0 时，"粗糙度"值分别为 0.0、0.3 和 0.6的效果，如下图所示。

- **折射率（IOR）：** 该参数定义多少光线进入媒介时发生弯曲，即材质的 Fresnel 反射率，默认情况下使用角函数。实际上，就是定义曲面上面向查看者的反射与曲面边上的反射之间的平衡。当IOR分别为 1.2、1.5和2.0时的效果，如下图所示。

（3）"透明度"选项组

- **粗糙度：** 定义了透明度的清晰度，即透明曲面上的不齐整、脊形或凸出效果。默认情况下，透明度的粗糙度值锁定为与反射率的粗糙度锁定，可以通过取消锁定图标来断开链接值。当值为0.0是透明平滑的（像窗玻璃），1.0 为非常粗糙的，即值越高，粗糙效果越显著（像毛玻璃）。当"粗糙度"值分别为0.0、0.3和0.6时的效果，如下图所示。

- **深度：** 当值为0.0，则以传统计算机图形方式计算"曲面"上的透明度，不受媒介内传播的影响，对象的厚度也没有任何影响；当值不为0.0，光线将受媒介的吸收影响，从而在指定的深度上，光线将具有给定的颜色；当勾选"薄壁"复选框时，模型面不表示实体的边界表面，深度没有任何作用，当光线穿过材质时不发生折射。

当"深度"值为0.0并勾选"薄壁"复选框时，效果如下图所示。

当"深度"值分别为0.1cm、1cm和5cm时，效果如下图所示。

（4）"子曲面散射（SSS）"/"半透明"选项组

"子曲面散射"选项组定义对象内光线的散射，控制光线在材质内的传送情况，可使光线在材质中移动时进行着色。在"透明度"选项组中启用"薄壁"模式后，SSS选项组将变为"半透明"选项组，这是因为SSS是一个体积效应，而"薄壁"模式没有体积。

- **权重**：子曲面散射的相对度量，SSS与漫反射明暗处理共享能量，因此增加SSS权重会从正常的漫反射明暗处理淡出到使用 SSS 进行明暗处理。当"SSS 权重"值分别为 0.0、0.5和1.0时，效果如下图所示。

- **深度**：定义光线穿透到对象中的深度，当SSS"深度"值分别为0.0、0.1和1.0时，效果如下图所示。

- **散射颜色**：定义光线在媒介内传播时如何被染色，当"曲面颜色"为白色，"散射颜色"分别为蓝色、绿色和红色时，效果如下图所示。

（5）"发射"选项组

该选项组是在其他明暗处理之上添加光线，发射效果由权重和颜色乘以亮度来定义，此外由开尔文色温（值为6500为白色）染色。

- **权重和颜色**：自发光的相对度量和颜色，颜色也受开尔文温度影响。
- **亮度**：曲面的发光度，以cd/m²（也称为nits）为单位。当"亮度"值分别为1500、5000和50000时，效果如下图所示。

- **开尔文**：发光度发射的开尔文温度，与颜色相互影响。当"开尔文"色温分别为 3000、6500和10000时，效果如下图所示。

2."涂层参数"卷展栏

物理材质具有给材质添加涂层的功能，该涂层在所有其他明暗处理效果之上充当透明涂层，涂层始终反射（具有给定的粗糙度），并被假定为绝缘体，反射率基于使用给定的涂层折射率的 Fresnel 等式，反射始终是白色，现实生活中涂漆木材就是涂层效果一个很好的例子。"涂层参数"卷展栏包括涂层权重、颜色、粗糙度和折射率等参数，如下图所示。

- **权重和颜色：**设置涂层的厚度和基础颜色。下图所示为在一个菱形贴图上应用涂层权重，并且使用白色、绿色和红色作为涂层颜色的效果。

- **粗糙度：**曲面上的不齐整、脊形或凸出物的数量，下图为粗糙度分别为0.0、0.25和0.5时的效果。

- **涂层折射率：**涂层的折射率级别仅影响折射的角度依赖关系，涂层实际上不折射灯光。
- **"影响基本"选项组中的颜色：**通过"颜色"值来控制涂层对基本材质产生的明暗效果级别，下图为在该选项组中将"颜色"值分别设为0.0、0.5和1.0时的效果。

- **"影响基本"选项组中的粗糙度：**利用"粗糙度"来控制涂层对基本材质产生的粗糙模糊效果级别，涂层越粗糙，对基本材质的粗糙度产生的影响越大。下图所示为在其他卷展栏中将"金属度"设为1.0后，在基础颜色上使用红色涂层，并将该选项组中的粗糙度分别设为0.0、0.5和1.0时的效果。

3. "各向异性" 卷展栏

物理材质的"各向异性"卷展栏可在指定的方向上拉伸高光和反射，以提供具有颗粒的特殊效果，在拉丝金属等材质中效果显著，其中特定颗粒提供了在不同方向有不同表面粗糙度的视觉效果。

- **各向异性**：定义 "拉伸"效果的程度。原则上，它是水平与垂直粗糙度值之间的比率，这意味着值为1.0时不会产生拉伸效果，下图所示为"各向异性"值分别为1.0、0.5和0.1时的效果。

- **旋转**：该值可以旋转各向异性效果，值为0.0到1.0是一个完整的360度旋转，下图所示为"旋转"值分别为0.0、0.12和0.25时的效果。

实战练习 使用物理材质制作多种材质

在"预设"卷展栏中，用户可以选择一些预设选项，以便快速创建不同类型的材质，例如木纹、玻璃、金属等材质，也可以在预设模板的基础上自定义材质，下面介绍使用物理材质制作多种材质的操作方法。

步骤 01 打开随书光盘中的"使用物理材质制作多种材质.max"文件，按下F10键，打开"渲染设置"面板，将"渲染器"设置为ART渲染器，单击"渲染"按钮渲染测试草图，如下左图所示。

步骤 02 按下M键，打开"材质编辑器"面板，在"示例窗"中选择一个空白材质球，将该材质球命名为"木纹材质"，接着单击其后的Standard按钮，如下右图所示。

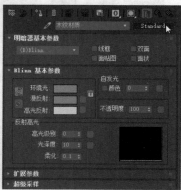

步骤 03 在打开的"材质/贴图浏览器"面板中，执行"材质>通用"命令，从展开的列表中双击"物理材质"选项，从而将材质类型设置为"物理材质"，如下左图所示。

步骤 04 返回"材质编辑器"面板中，单击"预设"卷展栏中的预设类型下拉按钮，选择".Glossy Varnished Wood"选项，将该材质赋予"底座"对象，如下右图所示。

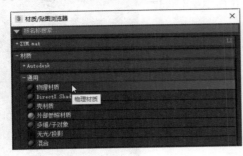 

步骤 05 选择另一空白材质球，并将其命名为"金属材质"，在"预设"卷展栏中选择预设类型为".Gold"，将"材质模式"设为"高级"，如下图所示。

步骤 06 在"基础参数"卷展栏中，将基础颜色红、绿、蓝值设置为0.945、0.685、0.225，将"反射"选项组中的"粗糙度"设为0.35，如下图所示。

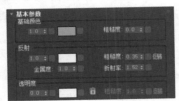

步骤 07 将"金属材质"赋予弥勒佛对象后，选择另一空白材质球，并将其命名为"玻璃材质"，在"预设"卷展栏中，将预设类型设置为".Glass (Solid Geometry)"选项，接着设置"基础参数"卷展栏中的相关参数，具体设置如下左图所示。

步骤 08 将设置好的"玻璃材质"赋予"茶壶"对象，接着按下F10键打开"渲染设置"面板，将渲染质量设置为高，单击"渲染"按钮进行渲染，最终渲染效果如下右图所示。

4.2.4 复合材质

复合材质可以将两个或多个子材质组合为一个新的更为复杂多样的材质，与贴图一起使用时效果更为显著。复合材质有多种不同的组合方式，其子材质可以是光度学材质，也可以是非光度学材质。

3ds Max中的复合材质有混合材质、合成材质、双面材质、多维/子对象材质、虫漆材质和顶/底材质等，其中混合材质、顶/底材质和多维/子对象材质较为常用。

用户可以在"材质/贴图浏览器"面板中对这些复合材质进行创建转换设置，如右图所示。

1. 混合材质

混合材质可以在曲面的单个面上将两种材质按一定的方式进行混合处理，默认情况下，两种子材质都是带有Blinn明暗处理的"标准"材质，右图所示即为混合材质的参数界面。

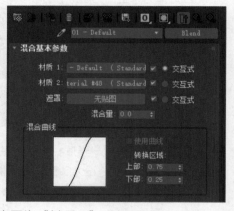

- **材质1/材质2**：设置两个用于混合的子材质，单击任一子材质按钮可进入子材质的参数面板，进行子材质参数设置，而每个按钮后的复选框用以启用或禁用该材质。
- **交互式**：该单选按钮控制在视口中对象上的显示类型，可以是两种材质之一或遮罩贴图。
- **遮罩**：指定用作遮罩的贴图，两种子材质之间的混合度取决于该遮罩贴图的强度，遮罩的明亮（较白的）区域显示的主要为"材质1"，而遮罩的黑暗（较黑的）区域显示的主要为"材质 2"，其后的复选框用于启用或禁用遮罩贴图。
- **混合量**：确定两种子材质的混合比例（百分比），0 表示只有"材质1"可见，100表示只有"材质2"可见。如果已指定遮罩贴图，并且其后的复选框已勾选，则该参数不可用。
- **"混合曲线"选项组**：用于控制进行混合的两种颜色之间变换的渐变或尖锐程度，只有指定遮罩贴图后，才会影响混合。

2. 顶/底材质

顶/底材质可以将两个不同的材质指定给对象的顶部和底部，从而在一个对象上将两种材质混合在一起。

- **顶材质/底材质**：单击顶或底子材质按钮编辑顶或底子材质，每个按钮右侧的复选框可用于关闭材质，使其不可见。
- **交换**：交换顶和底材质的位置。
- **"坐标"选项组**：以"世界"或"局部"方式确定顶和底边界。
- **混合**：混合顶和底子材质之间的边缘界线。
- **位置**：确定两种材质在对象上划分的位置。

3. 多维/子对象材质

多维/子对象材质可以在几何体的子对象级别上分配不同的材质，创建多维材质后，可以使用网格选择修改器选中对象子层级面，然后将多维材质中的子材质指定给选中的面。

为选中的面层级子对象指定一种子材质前，必须为其设置材质ID值，且对象的材质ID数目要与子材质的数目相对应，设置子对象层级材质ID值的具体步骤：在可编辑多边形的多边形层级下，选择相应多边形，在"修改"面板的"多边形：材质ID值"卷展栏中设置ID值。

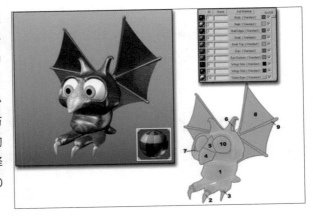

实战练习 制作卡通兔模型材质

复合材质种类繁多，每种不同的复合材质有各自的特点，适用于不同模型。下面以使用多维/子对象材质制作玩具材质为代表，介绍复合材质的基本使用方法。

步骤 01 打开随书光盘中的"使用多维子对象材质制作玩具材质.max"文件，按下F9键，渲染测试卡通兔模型，如下左图所示。

步骤 02 进入模型的"修改"面板，在"元素"子层级下选择所需子对象，并在"多边形：材质ID"卷展栏中将其ID设置为2，如下右图所示。

步骤 03 按照上述方法在"多边形"或"元素"子层级下将卡通兔模型各部分分别设置为不同的ID号，具体设置如右图所示。

步骤 04 在"材质编辑器"面板中选择一个空白材质
球，单击Standard按钮，打开"材质/贴图浏览器"
面板，双击"多维/子对象"选项，如右图所示。

步骤 05 在随即弹出的"替换材质"对话框中，保持默认设置，即选择"将旧材质保存为子材质？"单选按
钮，单击"确定"按钮，即可将材质类型设置为"多维/子对象"材质，如下左图所示。

步骤 06 单击"多维/子对象基本参数"卷展栏下的"设置数量"按钮，在随即打开的"设置材质数量"对
话框中，将材质数量设置为4，如下右图所示。

步骤 07 进入材质ID编号为1的子材质中，设置该子材质"漫反射"的颜色，并将其命名为"主体色"，设
置完成后单击横向工具栏中的"转到父对象"按钮，返回上一层级，如下左图所示。

步骤 08 在返回的上一对象层级中，按住"主体色"子材质并将其拖动到材质ID编号为2的子材质上，松开
鼠标，在随即弹出的"实例（副本）材质"对话框中，选择"复制"单选按钮，单击"确定"按钮完成材
质的复制，如下右图所示。

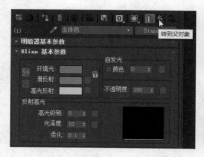

步骤 09 进入复制好的子材质中，设置该子材质"漫反射"的颜色，并将该材质名称设置为"粉色"，如下
左图所示。

步骤 10 按照上述方法设置其他的材质ID，并将设置好的"卡通兔材质"指定给卡通兔模型，如下右图所示。

4.3 V-Ray材质

用户在安装VRay渲染器并将其指定为活动渲染器后，即可使用一种特殊的材质类型，即V-Ray材质。在V-Ray材质中，包含一系列用于模拟不同物体表面特性的材质类别，如表现塑料、金属、半透明或发光物体等20多种材质，其中VrayMtl、VRayBlendMtl、VRayLightMtl、VRay2SidedMtl、VRayMtlWrapper和VrayOverrideMtl是较为常用的材质。

4.3.1 VRayMtl材质

在VRay渲染器提供的众多材质中，VRayMtl材质是使用最为频繁、效果较为显著的一种材质类型，被广泛用于多种材质的调节。在场景中使用该材质可以获得更加准确的物理照明（光能分布）和更快的渲染速度，而发射和折射参数调节也显得更为方便。此外用户可以应用不同的纹理贴图来控制反射和折射，或是增加凹凸贴图和置换贴图等表现物体表面特性。

1."基本参数"卷展栏

（1）"漫反射"选项组

- **漫反射**：指定材料的漫反射颜色，但实际的颜色还取决材质的反映和折射情况，可添加贴图。
- **粗糙度**：用于模拟物体表面或被灰尘覆盖表面的粗糙程度。

（2）"反射"选项组

- **反射**：指定反射量和反射色，反射量取决于颜色的灰度值。
- **高光光泽**：指定对象上高光的形状大小，通常该参数值被锁定到反射光泽上，可以单击其后按钮添加贴图。
- **反射光泽**：控制反射的清晰度，值为1时，产生镜面反射，低值产生模糊的反射，因此通常该参数也称为"反射模糊"。
- **菲涅尔反射**：勾选该复选框时，反射强度依赖于光线和物体表面法线之间的角度。角度值接近0度（即当光线几乎平行于表面）时，反射可见性最大；而当光线垂直于表面时，几乎没反射发生。此外，菲涅耳反射效果也取决于折射率。
- **菲涅尔折射**：指定计算菲涅尔反射时使用的折射率，通常该值被锁定，解除锁定后可进行精细控制。
- **影响通道**：指定受材质反射影响的通道，有"仅颜色"、"颜色+alpha"和"所以通道"3个选项。
- **细分**：控制"反射光泽"的品质，值越高渲染所需的时间越长，但产生平滑的效果越精细。
- **最大深度**：指定射线可以被反射的最大次数，值越高渲染所需的时间越长，但效果越真实显著。
- **退出颜色**：当物体的反射次数达到最大反射次数时，将终止反射计算，而此时若反射次数大于最大次数时，造成反射不足的区域颜色将被退出颜色所取代。

（3）"折射"选项组

- **折射**：指定折射量和折射颜色，折射量取决于颜色的灰度或亮度值，当颜色越白（即灰度值越趋于255）时，物体越透明；当颜色越黑（即灰度值越趋于0）时，物体越不透明。
- **光泽度**：控制折射的清晰或模糊程度，值越趋于1产生折射效果越清晰，值越趋于0效果越模糊。
- **折射率**：描述光穿过物体表面时的弯曲方式，当物体的折射率为1，光不会改变方向。
- **阿贝数**：即Abbe number，表示色散系数。勾选该复选框后，可以增加或减小色散效应。

（4）烟雾选项组

● **烟雾颜色**：指定光线穿过物体后的衰减情况，当烟雾颜色为白色时，光线不会被吸收衰减。

● **烟雾倍增**：控制烟雾效果的强度，值越小，光线吸收少，物体越透明，反之，物体越不透明。

● **烟雾偏移**：控制烟雾颜色的应用方式，其值为负数时，可以使物体的薄部分更透明，较厚的部分更不透明，而值为正数时，情况相反，即更薄的部分更不透明，更厚的部分更透明。

（5）"半透明"和"自发光"选项

● **半透明**：用于计算半透明算法（又称次表面散射），当有折射存在时此值才有意义。

● **自发光**：控制物体表面自发光效果，勾选"全局"复选框时，自发光会影响全局光照，并允许对邻近物体投光，而"倍增"值可以调节自发光值。

2. 其他参数卷展栏介绍

在VRayMtl材质面板中，除了常用的"基本参数"卷展栏外，还包括"双向反射分布函数"、"选项"、"贴图"、"反射插值"和"折射插值"卷展栏。

● **"双向反射分布函数"卷展栏**：用于设置高光和光泽反射的类型，并进行相关参数的设置。

● **"选项"卷展栏**：包含"跟踪反射"、"跟踪折射"、"背面反射"、"雾系统单位比例"、"使用发光贴图"、"能量保存模式"和"不透明度模式"等参数设置，其中不勾选"跟踪反射"或"跟踪折射"复选框时，VRay将不渲染反射或折射效果。

● **"贴图"卷展栏**：设置材质所使用的各种纹理贴图，大多数贴图也可以在"基本参数"和"双向反射分布函数"卷展栏中定义，常为"漫反射"、"反射"、"凹凸"、"置换"和"不透明度"添加贴图。

实战练习 **使用VRayMtl材质制作镜子材质** ─────────────●

VRayMtl材质在表现玻璃、塑料、陶瓷、金属、水等多种材质时都能达到良好的效果。下面以镜子材质的制作为例，介绍VRayMtl材质的基本使用方法。

步骤 01 打开随书光盘中的"使用VRayMtl材质制作镜子材质.max"文件，观察需要赋予镜子材质的模型，如下左图所示。

步骤 02 按下M键，打开"材质编辑器"面板，选择一个空白的材质球，将材质类型设置为VRayMtl材质，并将其命名为"镜面材质"，如下右图所示。

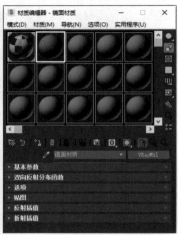

步骤 03 展开"基础参数"卷展栏，在"漫反射"选项组中将"漫反射"颜色设为黑色，在"反射"选项组中将"反射"颜色设为白色，并取消勾选"菲涅尔反射"复选框，如下左图所示。

步骤 04 单击"材质编辑器"面板中的"镜子材质"，然后将设置好的"镜面材质"拖动复制到"镜子材质"中材质ID编号为1的子材质上，按下F9键执行渲染操作，最终效果如下右图所示。

 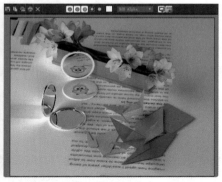

4.3.2 其他V-Ray材质

VRay渲染器提供的材质类别中，除了最常用的VRayMtl材质外，VRay2SidedMtl、VRayBlendMtl、VRayLightMtl、VRayMtlWrapperMtl 和VrayOverrideMtl材质也较为常用。

1. VRay双面材质

VRay2SidedMtl即VRay双面材质之意，与3ds Max中提供的双面材质相似，是V-Ray渲染器提供的一种实用的材质类型，因该材质允许看到物体背面的光线，为物体的前面和后面指定两个不同的材质，故多用来模拟纸、布窗帘、树叶等半透明物体的表面。

从上图可知VRay双面材质由以下主要参数组成。

- **正面材质（Front material）**：用于物体正表面材质的设置。
- **背面材质（Front material）**：用于物体内表面材质的设置，其后复选框用于启用或禁用该子材质。
- **半透明（Translucency）**：设置两种子材质之间相互显示的程度值。该值取值范围是从0.0到100.0的百分比，设置为 100% 时，可以在内部面上显示外部材质，并在外部面上显示内部材质；设置为50%时，内部材质指定的百分比将下降，并显示在外部面上。
- **乘前扩散（Multiply by front diffuse）**：勾选该复选框时，半透明呈以前材质的漫反射。
- **强制单面子材质**：勾选该复选框后，材质只表现其中一个子材质。

2. VRay灯光材质

VRayLightMtl即VRay灯光材质，是一种可以使物体表面产生自发光的特殊材质类型，允许用户将应用该自发光材质的对象作为实际直接照明光源。

- **颜色**：指定材质的自发光颜色。
- **倍增**：设置自发光的亮度。
- **不透明度**：用贴图纹理来控制材质背面发射光不透明度。
- **背面发光**：勾选此复选框后，物体的背面也发射光。

3. VRay材质包裹器

VRayMtlWrapper即VRay材质包裹器，用于控制应用基础材质后物体的全局照明、焦散等属性，这些属性也可在"对象属性"对话框中设置。如果场景中某一材质出现过亮或色溢情况，可以用VRay材质包裹器将该材质嵌套起来，从而控制自发光或饱和度过高材质对其他对象的影响。

- **基础材质**：指定物体表面的实际材质。
- **附加曲面属性**：设置物体在场景中的全局照明和焦散相关属性。
- **无光属性**：设置物体在渲染过程中是否可见、是否产生反射/折射、是否产生阴影、接收全局照明的程度等参数。

4.4 贴图

贴图可以模拟物体表面纹理、反射、折射等效果，也可以在不增加对象几何体复杂度的情况下，增加模型表现细节（置换贴图除外），从而使对象外观更具感染力和真实感。

在3ds Max中，根据各个贴图不同的使用方法和效果，将提供的30多种贴图大致分为5大类，即2D贴图、3D 贴图、合成器贴图、颜色修改器贴图、反射和折射贴图。

用户可以在"材质编辑器"面板的"贴图"卷展栏中进行贴图的添加，如下图所示。

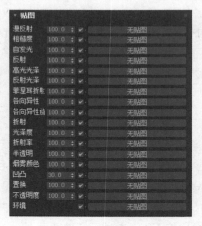

在该卷展栏中有很多贴图通道，单击任一通道按钮，即可打开"材质/贴图浏览器"面板来选择相应贴图类型，下图所示为"材质/贴图浏览器"提供的30多种贴图类型。

4.4.1　2D贴图

2D 贴图是一种作用于几何对象表面的二维图像贴图，可用作环境贴图来为场景创建背景。最简单常用的2D贴图是位图，其他种类的2D贴图按程序生成，下面介绍几种常用的2D贴图。

1. 位图贴图

位图是最为常用的贴图类别，单击"贴图"卷展栏任一贴图通道按钮，在打开的"材质/贴图浏览器"面板中选择"贴图"卷展栏中的"位图"选项，即可添加位图贴图，下图所示为"位图"的参数面板。

2. 平铺贴图

用户可以利用平铺贴图快速创建按一定规律重复组合的贴图类别，常用于砖块效果的创建，多在"漫反射"和"凹凸"通道上使用。砖块的平铺纹理颜色、砖缝颜色及尺寸，可在"高级控制"卷展栏中设置。

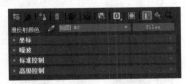

3. 渐变贴图

用户可以利用渐变贴图将两种或三种颜色相互混合，形成新的贴图效果。各颜色间的颜色过渡或相互间的混合位置等参数，可在"渐变参数"卷展栏中进行设置。

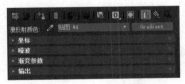

4. 渐变坡度贴图

渐变坡度贴图与渐变贴图类似，但是可以指定任何数量的颜色或贴图，参数更为复杂多样，并且几乎任何参数都可以设置关键帧。

> **提示：动画位图**
>
> 当3ds Max场景中包含动画位图时（可以在材质、投影灯、环境上），则渲染时每帧都将重新加载一个动画文件，而如果场景中使用多个动画位图，或是动画文件本身较大，那么将会降低渲染性能。

4.4.2 3D贴图

3D贴图是以三维方式生成的图案贴图，将3D贴图指定给选定对象，如果将该对象的一部分切除，那么切除部分的纹理与对象其他部分的纹理相一致。噪波和衰减是最为常用的两种3D贴图。

1. 噪波贴图

噪波贴图是在两种颜色或材质贴图之间进行交互，从而在对象曲面生成随机扰动，常用于"凹凸"通道和模拟水纹波动动画的使用。

2. 衰减贴图

衰减贴图模拟在几何体曲面的面法线角度上生成从白到黑过渡值的衰减情况，默认设置下，贴图会在法线与当前视图指向外部的面上生成白色，而在法线与当前视图相平行的面上生成黑色。

3. 泼溅贴图

泼溅贴图是一种可生成分形表面图案的3D贴图，在"漫反射"通道上添加该贴图，可以非常便捷地创建类似泼溅的图案效果。

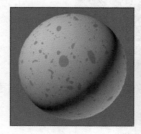

4. 波浪贴图

波浪贴图是一种可以生成水花或波纹效果的3D贴图。应用该贴图后，一定数量的球形波浪中心将被随机分布在球体上，且相当于同时具有漫反射和凹凸效果。

4.4.3 合成器贴图

合成器贴图专用于合成其他颜色或贴图，即在图像处理过程中，将两个或多个图像叠加，组合成新的图像或颜色。下面对遮罩贴图进行介绍，具体如下。

1. 遮罩贴图

在3ds Max中使用遮罩贴图，可以在曲面上利用黑白贴图通过一种材质查看另一种材质。默认情况下，浅色（白色）的遮罩区域显示已应用的贴图，而较深（较黑）的遮罩区域显示基本材质颜色。用户可以在"遮罩参数"卷展栏中勾选"反转遮罩"复选框，来反转遮罩的效果。

实战练习 制作灭火器模型材质

使用遮罩贴图可以将灭火器的说明标签等应用到基本材质为红色漆料的灭火器上，下面以使用遮罩贴图制作灭火器材质为例，介绍遮罩贴图的具体使用方法。

步骤 01 打开随书光盘中的"使用遮罩贴图制作灭火器材质.max"文件，按下F9键测试渲染灭火器模型，如下左图所示。

步骤 02 打开"材质编辑器"面板，选择一个空白的材质球，将材质类型设置为VRayMtl，并为其命名，接着按下右图所示设置相关参数。

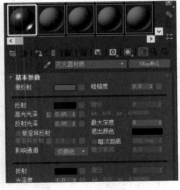

步骤 03 将设置好的材质指定给灭火器模型，按下F9键渲染，可发现灭火器已被赋予红色的漆料材质，如下左图所示。

步骤 04 单击漫反射颜色后面的添加贴图按钮，打开"材质/贴图浏览器"面板，在"贴图"卷展栏中选择"遮罩"选项，如下右图所示。

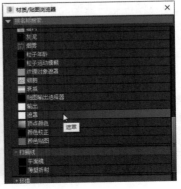

步骤 05 在打开的"遮罩"面板中，单击"贴图"后的添加贴图按钮，如下左图所示。

步骤 06 在"材质/贴图浏览器"面板中，双击"位图"选项，在随即打开的"选择位图图像文件"对话框中打开"灭火器.jpg"文件。

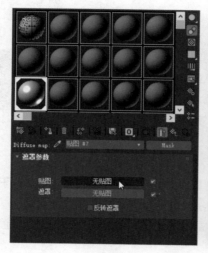

步骤 07 添加相应的位图后，单击工具栏中"转到父对象"按钮，返回"遮罩"面板，接着在"遮罩"后添加"遮罩.jpg"文件，如下左图所示。

步骤 08 在"修改"面板中，为指定材质的灭火器模型添加"UVW贴图"修改器，并设置修改器的相应参数，按F9键渲染最终效果，如下右图所示。

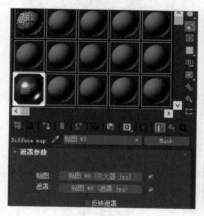

2. 混合贴图

使用混合贴图可以将两种颜色或贴图通过一定方式合成新的贴图，用户既可以使用百分比的方式混合，也可以利用遮罩贴图将其混合，如下左图所示即是将两种贴图通过黑白图混合成新贴图的效果。

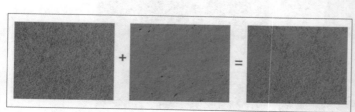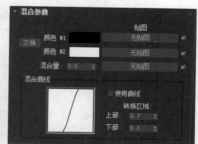

4.4.4 颜色修改器贴图

使用颜色修改器贴图可以改变材质中像素的颜色，在3ds Max中，主要有"颜色校正"、"输出"、"RGB染色"、"顶点颜色"和"颜色贴图"5种颜色修改器贴图类型。

1. 颜色校正

颜色校正贴图在不改变原有贴图材质的基础上，使用基于堆栈的方法在基本贴图的外部修改贴图色彩或明暗度等。"颜色校正"参数面板包括"基本参数"、"通道"、"颜色"和"亮度"4个参数卷展栏，在这些卷展栏中用户可以进行颜色通道的自定义、色调切换、饱和度和亮度的调整，下左图所示为"颜色校正"参数面板。

2. 输出

在一些贴图的参数面板中，用户会发现没有"输出"卷展栏来调节贴图色彩（如"平铺"贴图的参数面板），在需要进行"输出"设置，用户可以在该贴图上添加"输出"贴图，在弹出的"替换贴图"面板中，选择"将旧贴图保存为子贴图"选项，即可完成"输出"贴图的添加，下右图所示为"输出"贴图的参数面板。

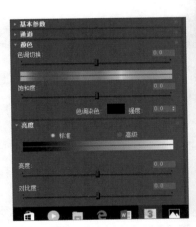
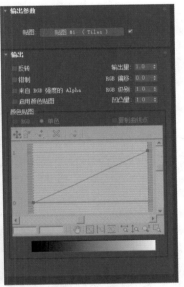

4.4.5 反射和折射贴图

使用反射和折射贴图可以创建反射和折射效果，主要有"平面镜"、"薄壁折射"、"光线跟踪"和"反射或折射"几种贴图，如安装VRay渲染器，还包括VRaymap。

1. 反射或折射贴图

使用"反射或折射"贴图可以在物体表面生成反射或折射效果，要创建反射或折射贴图，须在"反射或折射"通道上添加指定的材质作为反射或折射的贴图，常用的贴图类别有"光线跟踪"、VRaymap。

2. 平面镜

"平面镜"贴图是一种当共面集合时生成反射环境对象的材质贴图，一般可以将该贴图指定在材质的"反射"通道上。

知识延伸：贴图坐标

贴图坐标可以指定几何体上贴图的位置、方向以及大小，贴图坐标通常以U、V和W 指定，其中U 是水平维度，V是垂直维度，W是可选的第三维度，一般指示深度。通常，几何基本体在默认情况下会应用贴图坐标，但曲面对象（如可编辑多边形和可编辑网格）需要添加贴图坐标，3ds Max提供了多种用于生成贴图坐标的方式。

- 创建基本体对象时，在其"参数"卷展栏中勾选"生成贴图坐标"复选框，在默认情况下，大多数对象中该复选框处于启用状态。 贴图坐标需要额外的内存，因此，如果不需要的话，请禁用此复选框。
- 应用"UVW贴图"修改器，该修改器功能强大，提供了大量的工具和选项，可用于编辑贴图坐标，为最常用的贴图坐标修改器，右图所示即为"UVW展开"修改器的设置面板。
- 常规对象应"UVW展开"修改器，而一些特殊的对象需使用特殊贴图坐标修改器，如"曲面贴图"、"UVW展开"和"UVW变换"修改器。

 上机实训：为客厅一角赋予材质

综合本章所学的知识点，下面介绍使用V-Ray材质、混合材质，并结合位图、平铺、混合、衰减等多种贴图知识，为客厅案例中的多个对象设计合适的材质。

1. 利用平铺贴图制作地板材质

步骤 01 打开随书光盘中的"为客厅一角赋予材质.max"文件，如下左图所示。

步骤 02 在"材质编辑器"面板中选择一个空白材质球，将材质类型设置为VRayMtl，单击"漫反射"后的贴图按钮，添加"平铺"贴图，如下右图所示。

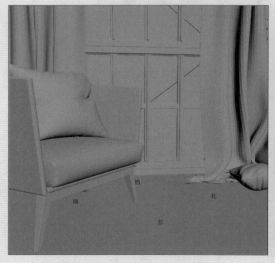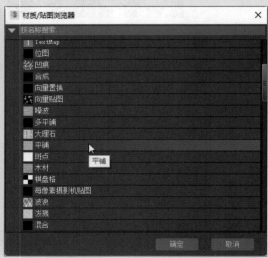

步骤 03 在打开的"平铺"面板中，展开"高级控制"卷展栏，进行如下左图所示的设置。

步骤 04 完成漫反射贴图的设置后，双击材质球，观察材质球情况，如下右图所示。

步骤 05 单击工具栏中的"转到父对象"按钮，返回上一层级，在"贴图"卷展栏中按住"漫反射"通道上的贴图拖动到"凹凸"贴图参数上，在弹出的"复制贴图"对话框中选择"复制"选项，如下左图所示。

步骤 06 进入复制出的凹凸贴图中，在"高级控制"卷展栏中，将"平铺设置"选项组中的"纹理"贴图改为如下右图所示的贴图，将"砖缝设置"选项组中"纹理"参数后的颜色改为白色，其他设置保持不变。

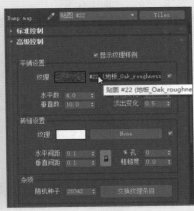

步骤 07 接着展开"坐标"卷展栏，在"模糊"数值框中输入0.1，如下左图所示。

步骤 08 返回上一层级，在"贴图"卷展栏中将"凹凸"通道上的贴图实例复制到"反射"贴图通道上，展开"基本参数"卷展栏，按下右图所示设置"反射"选项组中的参数。

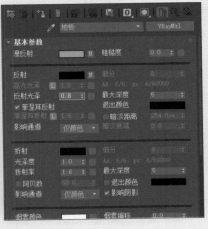

步骤09 观察设置好的"地板"材质，其已具备木地板材质应有的凹凸等纹理，如下左图所示。

步骤10 将"地板"材质指定给相应的对象，并为其添加"UVW贴图"修改器，调节参数后的效果如下右图所示。

2. 利用衰减贴图制作单人椅材质

步骤01 选择一个空白材质球，将材质类型设置为VRayMtl，并命名为"单人椅"，单击"漫反射"后的贴图按钮，添加"衰减"贴图，如下左图所示。

步骤02 在打开中的衰减参数面板中，按下右图所示设置相关的参数。

步骤03 返回上一层级，展开"贴图"卷展栏，在"凹凸"贴图通道上添加位图文件"单人椅_凹凸.jpg"，如下左图所示。

步骤04 进入凹凸贴图，展开"坐标"卷展栏，在"模糊"数值框中输入0.1，单击工具栏中的"转到父对象"按钮，如下右图所示。

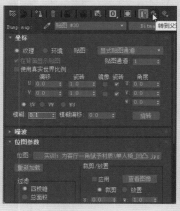

步骤 05 在返回的层级中，展开"基本参数"卷展栏，按下左图所示设置"反射"选项组中的相应参数，并将材质指定给椅子。

步骤 06 在"修改"面板中，为单人椅模型添加"UVW贴图"修改器，调节参数后，效果如下右图所示。

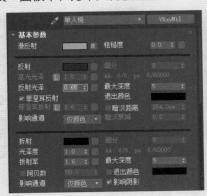 

3. 利用混合贴图制作抱枕材质

步骤 01 选择一个空白材质球，将材质类型设置为VRayMtl，并命名为"抱枕"，单击"漫反射"后的贴图按钮，添加"混合"贴图，如下左图所示。

步骤 02 在混合贴图参数中，按下右图所示设置相应的参数，单击"颜色1"后的贴图通道，在"颜色1"上添加一个"衰减"贴图。

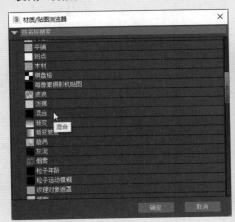 

步骤 03 进入"颜色1"后的衰减贴图内，按下左图所示设置两个衰减颜色，单击工具栏中的"转到父对象"按钮，返回上一层级。

步骤 04 返回"混合"贴图层级中，单击"混合参数"卷展栏中的"交换"按钮，如下右图所示。

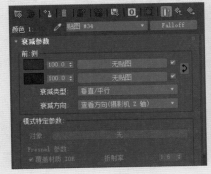 

步骤05 再次单击工具栏中的"转到父对象"按钮，返回"抱枕"材质层级，展开"基本参数"卷展栏，按下左图所示设置"反射"选项组中的参数。

步骤06 将"抱枕"材质赋予抱枕模型，为模型添加"UVW贴图"修改器，调节参数后的效果下右图所示。

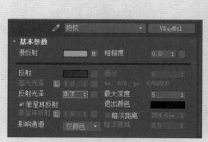 

4. 利用混合材质创建窗帘材质

（1）材质1的设置

步骤01 选择一个空白材质球，将材质类型设置为"混合"，即Blend类型，并将其命名为"窗帘"，单击"材质1"通道按钮，将"材质1"的材质类型设为VRayMtl，如下左图所示。

步骤02 进入"材质1"中，单击"漫反射"后的贴图按钮，添加"衰减"贴图，并按下右图所示设置衰减贴图参数。

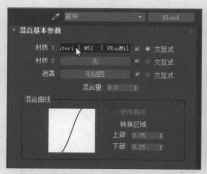 

步骤03 单击"转到父对象"按钮，返回上一层级，在"贴图"卷展栏中单击"反射"后的通道按钮，选择"位图"选项，如下左图所示。

步骤04 在打开的"选择位图图像文件"对话框中打开相应的图片，接着在"坐标"卷展栏中的"模糊"数值框中输入0.8，如下右图所示。

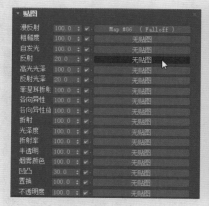 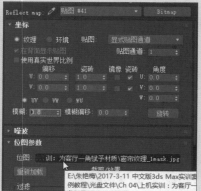

步骤 05 返回"材质1"层级，按住"反射"通道上的贴图并拖动，实例复制到"反射光泽"贴图通道上，如下左图所示。

步骤 06 接着展开"基本参数"卷展栏，在"反射"选项组中按下右图所示设置相关参数。

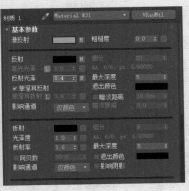

（2）材质2的设置

步骤 01 单击"转到父对象"按钮，返回"混合"材质层级，单击"材质2"后的通道按钮，将材质类型设为VRayMtl，如下左图所示。

步骤 02 进入"材质2"中，按下右图所示在"基本参数"卷展栏的"漫反射"和"反射"选项组中进行相应的设置。

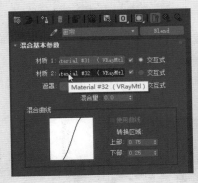
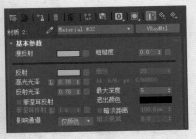

（3）遮罩的设置

步骤 01 单击"转到父对象"按钮，返回"混合"材质层级，单击"遮罩"后的贴图通道按钮，打开"材质/贴图浏览器"对话框，如下左图所示。

步骤 02 在对话框中双击"位图"选项，添加"窗帘纹理_黑白.png"图片，接着在"坐标"卷展栏中按下右图所示进行设置，并将材质赋予窗帘对象。

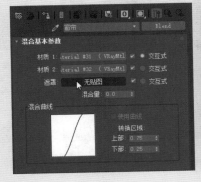

（4）添加室外环境贴图

步骤 01 在平面Plane001对象上单击鼠标右键，选择"对象属性"命令，打开"对象属性"对话框，在"渲染控制"选项组中按下左图所示进行相应的参数设置。

步骤 02 选择一个空白材质球，将材质类型设置为VRayMtl，并命名为"背景"，单击"漫反射"后的贴图按钮，添加"背景.jpg"贴图，如下右图所示。

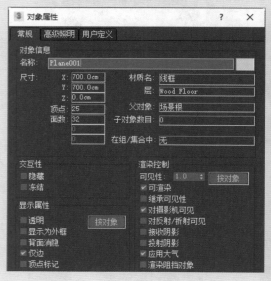
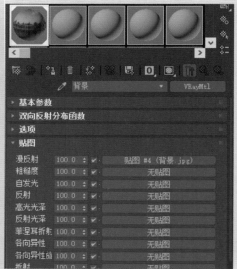

步骤 03 进入"漫反射"贴图中，展开"输出"卷展栏，设置下左图所示的参数，并将材质指定给平面Plane001对象。

步骤 04 在Plane001对象上添加"UVW贴图"修改器，调节参数后，按F9键渲染最终效果，如下右图所示。

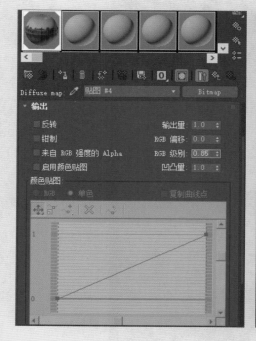

课后练习

1. 选择题

（1）在3ds Max中，按下（　　）键可以打开"材质编辑器"面板。

    A. F9　　　　　　　　　　　　B. F10　　　　　　　　C. M　　　　　D. F5

（2）在"材质编辑器"面板中，示例窗显示数目有（　　）情况。

    A. 3X2　　　　　　　　　　　　B. 5X3　　　　　　　　C. 6X4　　　　D. 以上都是

（3）在材质的众多参数中，下列（　　）参数属于常设参数。

    A. 漫反射或高光反射　　　　　B. 反射或折射　　　　　C. 不透明度　　D. 以上都是

（4）物理材质与（　　）兼容使用。

    A. VRay渲染器　　　　　　　　B. 默认扫描线渲染器

    C. ART渲染器　　　　　　　　D. VUE文件渲染器

（5）在3ds Max中，（　　）非常类似，不同的是一个属于材质级别，一个是贴图级别。

    A. 混合材质和混合贴图　　　　B. 多维/子对象材质和混合贴图

    C. 混合材质和遮罩贴图　　　　D. 双面材质和遮罩遮罩贴图

2. 填空题

（1）用户可以按下_____键，快速渲染场景。

（2）在3ds Max中材质编辑器有_____两种模式的材质编辑器面板。

（3）在VRay渲染器提供的材质类型中，_____材质使用最为广泛。

（4）在合成器贴图中，_____和_____贴图较为常用。

（5）用户可以使用_____修改器指定几何体上贴图的位置、方向以及大小。

3. 上机题

　　学习完本章内容以后，用户可以按下图给出的效果，使用V-Ray材质尝试创建玻璃材质和树叶材质。

Chapter 05 摄影机与灯光

本章概述

本章将对3ds Max中的摄影机与灯光知识进行详细介绍，摄影机部分将讲述摄影机特性、类型及其常用参数，此外还将介绍摄影机的两种多过程渲染效果。而灯光部分将详细介绍标准灯光和光度学灯光的几种类型及其参数卷展栏。对于VRay光源系统，需要用户了解并进一步在场景中尝试使用它们。

核心知识点

❶ 了解摄影机类型
❷ 掌握摄影机的创建
❸ 理解不同类型的标准灯光
❹ 理解不同类型的光度学灯光
❺ 了解VRay光源系统

5.1 摄影机

在3ds Max中，用户可以通过摄影机从特定的观察点表现场景，与真实世界中的摄影机类似，3ds Max场景中的摄影机也可模拟表现现实世界中的静止图像、运动图片或视频。在学习摄影机之前，需首先了解真实世界中摄像机的结构和专业术语。

5.1.1 摄影机的特性

在现实世界中，摄影机使用镜头将场景反射的灯光聚焦到具有灯光敏感性曲面的焦点平面，3ds Max中的摄像机模拟真实摄影机，其参数名称与真实摄像机中的专业术语基本相同，包括镜头、焦距、视野和景深等，下右图中A代表焦距长度，B代表视野。

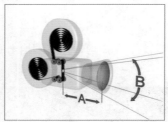

1. 镜头焦距

焦距是指镜头和灯光敏感性曲面间的距离。焦距会影响对象出现在图片上的清晰度，焦距越小图片中包含的场景对象就越多，焦距越大图片中包含的场景对象越少，但会显示远距离对象的更多细节。

2. 视野

视野控制场景中可见对象的数量，以水平线度数进行测量。视野与镜头的焦距直接相关，例如，15mm的镜头显示水平线约为100度，而50mm的镜头显示水平线约为40度，故镜头越长，视野越窄；镜头越短，视野越宽。

3. 3ds Max摄像机与真实世界摄影机的区别

3ds Max摄像机包含真实世界中视频拍摄过程中所用摄影机的移动操作，如摇移、推拉和平移等相对应的控制功能，但计算机渲染并不需要真实世界摄影机的一些控制，如聚焦镜头和推近胶片等。

5.1.2 摄影机的类型

在制作效果图或动画的过程中，需要用户创建合适的摄影机来凸显对象或动画效果，3ds Max为用户提供了3种类型的摄影机，包括目标摄影机、自由摄影机两种传统摄影机，以及物理摄影机。

用户可以在"创建"面板中单击"摄影机"按钮，在摄影机类别中选择"标准"选项，即可创建上述3种摄影机，如右图所示。

1. 目标摄影机

目标摄影机可以查看摄影机放置的目标图标周围的区域，包含目标和摄影机两个独立图标，比自由摄影机更容易定向，且始终面向其目标，故用户只需将目标对象定位在所需观察位置的中心处即可，常用于静帧画面的表现。

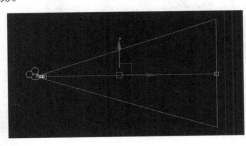
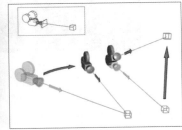

2. 自由摄影机

自由摄影机在摄影机指向的方向查看区域对象，与目标摄影机不同，自由摄影机只由单个图标摄影机表示，没有目标点。使用自由摄影机可以更轻松地设置动画，并且可以不受限制地移动、旋转和定向摄像机。

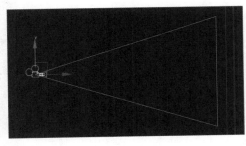

3. 物理摄影机

物理摄影机是用于基于物理的真实照片级渲染的最佳摄影机类型，将场景的帧设置与曝光控制等其他效果集成在一起，其功能的支持级别取决于所使用的渲染器，下图为其在前视图和透视图中的效果。

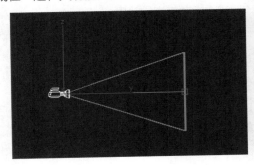
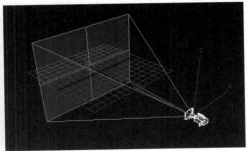

5.1.3　摄影机的常用参数

在3ds Max提供的3种摄影机对应的参数面板中，目标摄影机与自由摄影机参数一致，与物理摄影机的参数相比较更为简单，如下图所示。

1.“参数”卷展栏

在两种传统摄影机的“参数”卷展栏中，单击“类型”下拉按钮，从打开的列表中可以对目标摄影机与自由摄影机进行切换操作，下面将为用户重点介绍这两种摄影机“参数”卷展栏中常用参数的含义。

- **镜头**：以毫米为单位设置摄影机的焦距。
- **视野方向下拉按钮**：在下拉列表中包含水平、垂直和对角线3个选项。用户可以在“视野”数值框中设置应用视野的值。
- **视野**：决定摄影机查看区域的宽度。
- **正交投影**：勾选此复选框后，摄影机视图与用户视图一致，取消勾选此复选框时，摄影机视图与标准的透视视图一致。
- **备用镜头**：该选项组用于提供一些预设值来设置摄影机的焦距。
- **类型**：可将目标摄影机与自由摄影机进行相互切换。
- **显示圆锥体**：除摄影机视口外的视口中，显示摄影机视野定义的锥形光线。
- **显示地平线**：在摄影机视口中的地平线层级显示一条深灰色的线条。
- **环境范围**：该选项组用于设置大气效果的“近距范围”和“远距范围”限制，控制两个限制之间的对象的大气效果。
- **剪切平面**：该选项组用于定义剪切平面的“近距范围”和“远距范围”值，比近距剪切平面近或比远距剪切平面远的对象不可视。
- **多过程效果**：该选项组用于指定设置摄影机应用景深或运动模糊的效果。
- **目标距离**：设置摄影机和目标点之间的距离，在自由摄影机中该目标点不可见，可作为旋转摄影机所围绕的虚拟点。

2.“景深参数”或“运动模糊参数”卷展栏

在“参数”卷展栏的“多过程效果”选项组的下拉列表中选择“景深”或“运动模糊”选项后，将在参数面板中出现对应的“景深参数”或“运动模糊参数”卷展栏，而有关景深和运动模糊效果的设置，将在下节进行详细介绍。

实战练习 为场景添加摄影机

通过上述摄影机知识的相关介绍，接下来用户可以使用目标摄影机并结合变换工具，为本实例场景添加摄影机。

步骤 01 打开随书配套光盘中的"为场景添加摄影机.max"文件，如下左图所示。

步骤 02 在"创建"面板中单击"摄影机"按钮，在摄影机下拉列表中选择"标准"选项，接着单击"目标"按钮，在顶视图中创建如下右图所示的摄像机。

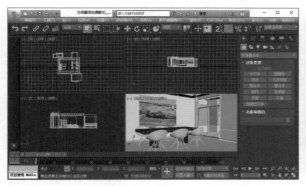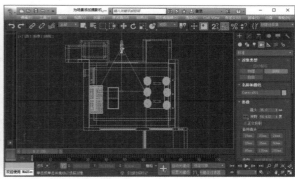

步骤 03 在视口空白处单击鼠标左键，使场景中无对象处于选中状态，将光标移动到摄影机图标上，当光标处于下左图状态时单击鼠标左键，即可将摄影机和其目标点全部选中。

步骤 04 切换至左视图，将摄影机对象沿Y轴向上移动120cm，如下右图所示。

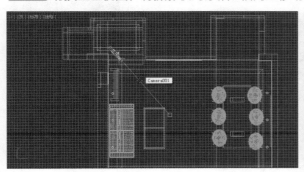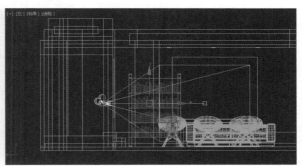

步骤 05 在顶视图中，将摄影机及其目标点的位置移动到如下左图所示的状态，在"修改"面板的"参数"卷展栏中单击"备用镜头"选项组中的35mm按钮。

步骤 06 在视口中按下C键，将视口切换至摄影机视口，观察摄影机效果，也可结合使用界面右下角的摄影机视口控制工具进行调节，最终效果如下右图所示。

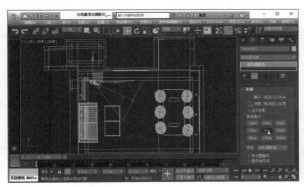

5.1.4 景深和运动模糊效果

摄影机可以创建两种多过程渲染效果，即景深和运动模糊效果，它们是基于多个渲染通道来生成对应效果，每次渲染之间轻微移动摄影机，来达到相同帧的多重渲染。因此开启多过程渲染效果后，将增加渲染时间，而且如果两种效果同时在一个摄影机中应用时，会使渲染速度变得非常慢，故在同一个摄影机上景深和运动模糊效果相互排斥。若要在场景中同时应用景深和运动模糊效果，可以使用多过程景深（摄影机参数）和对象运动模糊相组合的方法。

1. 景深效果

在"参数"卷展栏中的"多过程效果"选项组中勾选"启用"复选框并选择"景深"选项后，摄影机将通过模糊到摄影机焦点某距离处的帧的区域之外区域产生模糊效果。

（1）"焦点深度"选项组

- **使用目标距离：**勾选该复选框后，可以将摄影机的目标距离用作每个过程偏移摄影机的点；取消勾选该复选框后，使用"焦点深度"值偏移摄影机。
- **焦点深度：**只有当"使用目标距离"复选框处于禁用状态时，设置距离偏移摄影机的深度。"焦点深度"值较低时，将展现狂乱的模糊效果；"焦点深度"值较高时，模糊场景的远处部分。

（2）"采样"选项组

- **显示过程：**勾选该复选框后，渲染帧窗口显示多个渲染通道。
- **使用初始位置：**勾选该复选框后，第一个渲染过程位于摄影机的初始位置。
- **过程总数：**用于生成效果的过程数，增加此值可以增加效果的精确度，但渲染时间将延长。
- **采样半径：**通过移动场景，生成模糊的半径。增加该值，将增加整体模糊效果；减小该值，将减少模糊效果。
- **采样偏移：**设置模糊靠近或远离"采样半径"的权重，该值越大，提供的效果越均匀。

（3）"过程混合"选项组

- **规格化权重：**勾选该复选框后，将权重规格化，会获得较平滑的结果；取消勾选该复选框后，效果会变得清晰一些，但通常颗粒状效果更明显。
- **抖动强度：**控制应用于渲染通道的抖动程度，增加此值会增加抖动量，并且生成颗粒状效果。
- **平铺大小：**设置抖动时图案的大小。

（4）"扫描线渲染器参数"选项组

- **禁用过滤：**用于渲染过程中禁用过滤效果，取消勾选该复选框后可缩短渲染时间。
- **禁用抗据齿：**用于渲染过程中禁用抗据齿效果，取消勾选后可缩短渲染时间。

2. 运动模糊效果

运动模糊效果是通过在场景中基于移动的偏移渲染通道，来模拟摄影机的运动模糊效果，其参数设置卷展栏如右图所示。

- **偏移：**设置模糊的偏移距离，默认情况下，模糊在当前帧前后是均匀的，即模糊对象出现在模糊区域中。增加"偏移"值，移动模糊对象后面的模糊，与运动方向相对。减少该值移动模糊对象前面的模糊。
- **过程混合：**该选项组用以避免混合过程出现太人工化、规则的效果。
- **扫描线渲染器参数：**该选项组参数含义与景深效果中的参数意义相同。

5.2 标准灯光

3ds Max用灯光来模拟真实世界中的光源效果，照亮场景中的其他对象，为三维场景提供照明。不同种类的灯光对象利用不同的方式投影灯光，模拟不同种类的光源。3ds Max中的灯光主要由标准灯光和光度学灯光两大类组成。

用户可以在"创建"面板中单击"灯光"按钮，在灯光类别列表中选择"标准"选项，接着单击对应的灯光按钮，即可创建"目标聚光灯"、"自由聚光灯"、"目标平行光"、"自由平行光"、"泛光"和"天光"6种标准灯光，如右图所示。

5.2.1 标准灯光的类型

标准灯光是基于计算机的模拟灯光对象，如家用或办公室用灯、舞台和电影工作室使用的灯光设备以及太阳光等都可以通过标准灯光来模拟，与光度学灯光不同，标准灯光不具有基于物理的强度值。在3ds Max提供的6种标准灯光中，可归纳为聚光灯、平行光、泛光和天光4类。

1. 聚光灯

聚光灯和现实世界中的闪光灯一样投射聚焦的光束，加强曝光量，让场景中的对象更明亮，像剧院或桅灯下的聚光区等都可以通过聚光灯来达到相应效果。在聚光灯的两种类型中，使用"目标聚光灯"可移动目标对象，使灯光指向特定方向；而"自由聚光灯"没有目标对象，用户可以移动和旋转自由聚光灯以使其指向任何方向，下图所示分别为目标聚光灯、自由聚光灯及聚光灯的透视图示意。

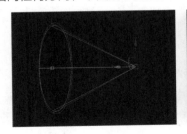 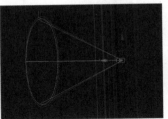 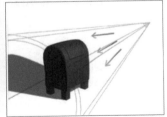

2. 平行光

平行光包括目标平行光和自由平行光两种，主要用于模拟太阳光，当太阳在地球表面上投影时，所有平行光都以一个方向投影平行光线。在3ds Max中，用户可以调整平行灯光的颜色和位置，并能在3D空间中对灯光执行旋转等操作，下图所示分别为目标平行光、自由平行光及平行光的透视图示意。

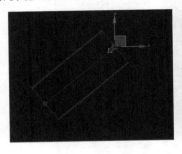 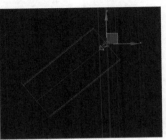 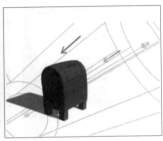

3. 泛光灯

泛光灯从单个光源向各个方向投影光线，用于将辅助照明添加到场景中，或模拟点光源。泛光灯可以投射阴影和投影，单个投射阴影的泛光灯等同于六个从同一中心指向外侧投射阴影的聚光灯，但泛光灯生成光线跟踪阴影的速度比聚光灯要慢，故在场景中要避免将光线跟踪阴影与泛光灯一起使用。下图所示分别为泛光灯、顶视图泛光灯及透视图示意。

 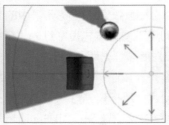 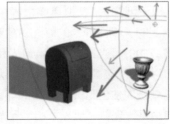

4. 天光

天光可以建立日光模型，设置天空的颜色或将其指定为贴图，是一种较为特殊的标准灯光。天光与高级照明（光跟踪器或光能传递）结合使用效果较好，下右图所示为将天光模型作为场景上方的圆屋顶的示意图。

 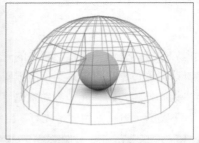

5.2.2 标准灯光的参数卷展栏

在4类标准灯光的默认参数面板中，除天光这种较为特殊的标准灯光外，用户可以发现剩余的3种标准灯光都共同拥有"常规参数"、"强度/颜色/衰减"、"高级效果"、"阴影参数"、"阴影贴图参数"和"大气和效果"6个相同的默认参数卷展栏。用户也可进行自定义开启或关闭其他未在默认参数面板中出现的参数卷展栏，如"VRayShadows参数"卷展栏。此外，聚光灯有特定的"聚光灯参数"卷展栏，平行光有特定的"平行光参数"卷展栏。

在标准灯光众多的参数卷展栏中，"常规参数"、"强度/颜色/衰减"、"聚光灯参数"或"平行光参数"属于基本参数卷展栏，而"高级效果"、"阴影参数"和"大气和效果"等属于公用照明卷展栏。

1."常规参数"卷展栏

（1）"灯光类型"选项组

● **启用：** 用于启用或禁用灯光。

● **灯光类型下拉列表：** 更改灯光的类型，包括聚光灯、平行光和泛光3个选项。

● **目标：** 在聚光灯参数面板中，该复选框用于"自由聚光灯"和"目标聚光灯"的
切换；在平行光中，则用于"自由平行光"和"目标平行光"的切换；在泛光
中，此参数不可用。其后的"目标"数值框用于设置灯光与其目标点之间的距离。

（2）"阴影"选项组

● **启用：** 用于设置当前灯光是否投射阴影，默认为不勾选该复选框。

● **使用全局设置：** 勾选该复选框时，该灯光投射的阴影将影响整个场景的阴影效果，而取消勾选该复
选框时，则必须为渲染器选择使用哪种方式生成特定的灯光阴影。

● **阴影类型下拉列表：** 决定渲染器是使用哪种方式来生成灯光的阴影，包括阴影贴图、光线跟踪阴
影、高级光线跟踪和区域阴影等多个选项，若用户安装VRay渲染器，则常用VRayShadows选
项。每一种阴影类型都有其特定的参数卷展栏，用以进行具体阴影属性的设置。

（3）"排除"按钮

单击该按钮可以打开"排除/包含"对话
框，在该对话框中用户将选定对象排除在灯光
效果之外，或是将选定对象包含于灯光效果之
内，即确定选定的灯光不照亮或单独照亮哪些
对象，将哪些对象视为隐藏渲染元素，或是将
哪些对象从渲染器生成的反射中排除。

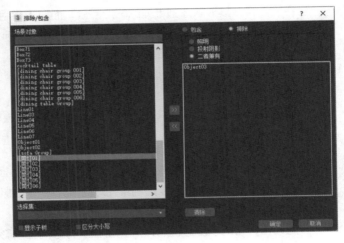

● **场景对象：** 从该列表中选择对象，然后单击添加按钮，将所选对象添加至右侧的列表中。

● **包含：** 决定灯光效果是否包含右侧列表中的对象。

● **排除：** 决定灯光效果是否排除右侧列表中的对象。

● **照明：** 用于包含或排除灯光在对象表面是否产生照明效果。

● **投射阴影：** 用于包含或排除灯光在对象是否投射阴影。

● **二者兼有：** 用于包含或排除灯光在对象是否产生照明效果和投射阴影。

提示："排除/包含"对话框的用途

尽管灯光排除在现实情况下不会出现，但该功能在需要精确控制场景中的照明时非常有用，如可以专门添加灯光来照亮
单个对象而不是其周围环境，或希望灯光给一个对象（而不是其他对象）投射阴影。

2."强度/颜色/衰减"卷展栏

使用"强度/颜色/衰减" 参数卷展栏可以设置灯光的颜色和强度，也可以自定义灯光的衰退、近距衰
减和远距衰减等参数。

（1）"倍增"参数设置

- **倍增：**将灯光的功率放大一个正或负的量，例如将倍增设置为2，灯光将亮两倍，而负值可以减去灯光，这对于在场景中有选择地放置黑暗区域较为有用，该参数的默认值为1.0。
- **色样：**单击色样按钮将打开"颜色选择器"对话框，进行灯光颜色的设置。

（2）"衰退"选项组

- **类型：**选择要使用的衰退类型，有"无"、"倒数"和"平方反比"3种类型可供选择，其中"倒数"和"平方反比"选项是使远处灯光强度减小的两种不同方法，而"无"选项则不应用衰退，其结果是从光源处至无穷大处灯光仍然保持全部强度。
- **开始：**如果不设置灯光衰减，则设置灯光开始衰退的距离。
- **显示：**在视口中显示衰退范围，默认情况下，开始范围线呈蓝绿色。

（3）"近距衰减"选项组

- **使用：**勾选该复选框，启用灯光的近距衰减。
- **开始：**设置灯光开始淡入的距离。
- **显示：**在视口中显示近距衰减范围，对于聚光灯而言，衰减范围看似像圆锥体的镜头部分，对于平行光而言，其形状像圆锥体的圆形部分，而对于启用"泛光化"的泛光灯、聚光灯或平行光来说，其形状像球形。默认情况下，近距衰减"开始"图标为深蓝色，"结束"图标为浅蓝色。
- **结束：**设置灯光达到其全值的距离。

（4）"远距衰减"选项组

- **结束：**设置灯光淡出减为0的距离。
- **显示：**选中灯光时，衰减范围始终可见，勾选此复选框后，在取消选择该灯光时，衰减范围才可见。

3. "聚光灯参数"卷展栏

当创建或选择目标聚光灯或自由聚光灯时，"修改"面板中将显示"聚光灯参数"卷展栏，该卷展栏中的参数用以控制聚光灯的聚光区和衰减区等效果。

- **显示圆锥体：**该复选框用于控制是否显示圆锥体。
- **泛光化：**勾选该复选框后，灯光将在所有方向上投影灯光，但投影和阴影只发生在该灯光的衰减圆锥体内。
- **聚光区/光束：**调整灯光圆锥体的角度，聚光区值以度为单位进行测量，默认值为43.0。
- **衰减区/区域：**调整灯光衰减区的角度，衰减区值以度为单位进行测量，默认值为45.0。
- **圆或矩形：**这两个单选按钮用于确定聚光区和衰减区的形状。
- **纵横比：**设置矩形光束的纵横比，单击"位图适配"按钮，可以使纵横比匹配特定的位图，默认值为1.0。

提示："平行光参数"卷展栏

当创建或选择目标平行光或自由平行光时，"修改"面板中将显示"平行光参数"卷展栏，该卷展栏中的参数与"聚光灯参数"卷展栏中的参数设置基本类似，这里不再赘述，如右图所示。

4."阴影参数"和"VRayShadows参数"卷展栏

在"常规参数"卷展栏中的"阴影"选项组中，勾选"启用"复选框，并在阴影类型下拉列表选择VRayShadow选项后，即可设置或打开"阴影参数"和VRay-Shadows参数卷展栏，如右图所示。

（1）"阴影参数"卷展栏

在3ds Max提供的所有灯光类型（除了"天光"和"IES 天光"）中，各灯光的参数卷展栏中都具有"阴影参数"卷展栏，该卷展栏中的参数用于设置阴影颜色和其他常规阴影属性，如右图所示。

- **颜色：** 单击色样按钮打开"颜色选择器"对话框，然后为灯光投射的阴影选择一种颜色，默认颜色为黑色。
- **密度：** 调整阴影的密度，默认设置为1.0。
- **贴图：** 勾选该复选框后，即可将贴图指定给阴影，默认设置为禁用状态。
- **灯光影响阴影颜色：** 勾选该复选框后，可将灯光颜色与阴影颜色（如果阴影已设置贴图）混合起来，默认情况下设置为禁用状态。
- **大气阴影：** 该选项组可以使如体积雾这样的大气效果也投射阴影，并可设置具体参数。

（2）VRayShadows参数卷展栏

安装VRay渲染器后，即可将阴影类型设置为VRayShadow选项，然后在"修改"面板中打开对应的VRayShadows参数卷展栏，进行阴影设置。

- **透明阴影：** 勾选此复选框后，透明表面将投影彩色阴影，否则，所有的阴影都为黑色。
- **偏移：** 用于更改阴影偏移值，增加该值将使阴影移离投射阴影的对象。
- **区域阴影：** 勾选该复选框，可实现区域阴影效果，增加阴影的细节部分，使灯光阴影效果更为真实。其具体参数可在该卷展栏下方进行设置，应用区域阴影后将花费一定的时间进行渲染。

5."高级效果"卷展栏

"高级效果"卷展栏提供影响灯光曲面方式的控件参数，也包括为投射灯光添加贴图，使灯光对象成为一个投影的设置，如右图所示。

- **影响曲面：** 该选项组用于调整曲面的漫反射区域和环境光区域之间的关系，其中，勾选"漫反射"复选框后，灯光将影响对象曲面的漫反射属性，而勾选"高光反射"复选框时，灯光将影响对象曲面的高光属性。
- **投影贴图：** 在该选项组中可利用贴图将灯光变成投影，投影的贴图可以是静止的图像，也可以是动画文件。

6."大气和效果"卷展栏

使用"大气和效果"卷展栏可以指定、删除、设置大气参数和与灯光相关的渲染效果，此卷展栏参数是按下8键打开的"环境和效果"面板中的部分参数。

- **添加：** 单击该按钮可打开"添加大气或效果"对话框，使用该对话框可以将大气或渲染效果添加到灯光中。
- **设置：** 单击该按钮可打开"环境和效果"面板，进行具体效果设置。

5.3　光度学灯光

光度学灯光是使用光度学（光能）值进行更精确地定义灯光，就像在真实世界一样。用户可以根据需要创建具有各种分布和颜色特性的灯光，或导入照明制造商提供的特定光度学文件。

5.3.1　光度学灯光的类型

光度学灯光通过光度学（光能）值来精确地定义灯光，用户可以在三维场景中创建具有各种分布和颜色特性的光度学灯光，也可以导入一些特定光度学文件以便设计出基于商用灯光的照明效果。

用户可以在"创建"面板中单击"灯光"按钮，在灯光类别列表中选择"光度学"选项，接着单击对应的灯光按钮，即可在场景中创建"目标灯光"、"自由灯光"和"太阳定位器"3种类型的光度学灯光。

1. 目标灯光

在3ds Max中创建一个目标灯光后，会自动为其指定"注视"控制器，该灯光多用来模拟现实生活中的筒灯、射灯及壁灯等，下图为采用球形分布、聚光灯分布和Web分布的3种目标灯光示意图。

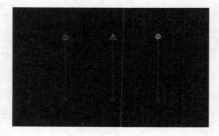

2. 自由灯光

自由灯光与目标灯光相比时，没有目标子对象，用户可以通过使用变换来调整灯光，下图为采用球形分布、聚光灯分布和Web分布的3种自由灯光的示意图。

3. 太阳定位器

太阳定位器遵循太阳在地球上某一给定位置地理角度和运动，可以定位模拟不同季节、日期和时间的全球不同经纬度城市的太阳光效果，用户可以直接在其参数卷展栏中进行定位设置。

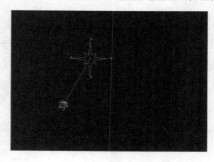

5.3.2　光度学灯光的参数卷展栏

在光度学灯光的多个参数卷展栏中，用户会发现"阴影参数"、"阴影贴图参数"、"大气和效果"和"高级效果"参数卷展栏与标准灯光中的参数一致，"常规参数"卷展栏也大致相同，而"强度/颜色/衰减"和"图形/区域阴影"卷展栏与标准灯光参数相差较大。此外，光度学灯光还存在特有的"分布（光度学Web）"卷展栏，下面将为用户介绍光度学灯光中几种与标准灯光不同的常用参数卷展栏。

1. "常规参数"卷展栏

单击该参数卷展栏中"灯光分布（类型）"下拉按钮，从列表中可以选择"光度学Web"、"聚光灯"、"统一漫反射"和"统一球形"4个选项，来设置灯光的不同分布类型。

- **光度学 Web分布**：基于模拟光源强度分布类型的几何网格。
- **聚光灯分布**：像闪光灯一样投影聚焦的光束。
- **统一漫反射分布**：仅在半球体中投射漫反射灯光，像从某个表面发射灯光一样。
- **统一球形分布**：可在各个方向上均匀投射灯光。

其中"聚光灯"和"光度学 Web"选项会有其对应的参数卷展栏，用于调节具体的参数，这两个参数卷展栏将在"分布（聚光灯）"和"分布（光度学Web）"卷展栏进行介绍。

2. "强度/颜色/衰减"卷展栏

"强度/颜色/衰减" 参数卷展栏用于设置光度学灯光的颜色、强度、暗淡和衰减极限等参数。

（1）"颜色"选项组

- **灯光下拉列表**：拾取常见灯，使之近似于灯光的光谱特征，共有21种选择。
- **开尔文**：调整色温微调器，设置灯光的颜色，色温以开尔文度数表示。
- **过滤颜色**：模拟置于光源上过滤色的效果，例如红色过滤器置于白色光源上，就会投影红色灯光效果。

（2）"强度"选项组

在物理数量的基础上指定光度学灯光的强度或亮度，有lm（流明）、cd（坎得拉）和lx (lux)3种单位设置光源的强度，其中lm测量灯光的总体输出功率（光通量），cd用于测量灯光的最大发光强度，lx测量以一定距离并面向光源方向投射到表面上的灯光所带来的光照度。

3. "图形/区域阴影"卷展栏

该卷展栏用于选择生成阴影的灯光图形，在"从（图形）发射光线"选项组中展开下拉列表，可以选择"点光源"、"线"、"矩形"、"圆形"、"球形"和"圆柱体"6种选项来设置阴影生成的图形。

而当选择非"点光源"选项时，灯光维度和阴影采样参数控件将分别显示"从（图形）发射光线"和"渲染"选项组，这时若勾选"渲染"选项组的"灯光图形在渲染中可见"复选框，灯光图形在渲染中会显示为自供照明（发光）的图形，而不勾选该复选框将无法渲染灯光图形，只能渲染投影的灯光。

4. "分布(聚光灯)"或"分布(光度学Web)"卷展栏

正如上文所述，在"常规参数"卷展栏中"灯光分布（类型）"下拉列表中选择"聚光灯"或"光度学 Web"选项，则会对应出现"分布（聚光灯）"或"分布（光度学Web）"卷展栏供具体参数的调节。

（1）"分布（聚光灯）"卷展栏

当使用聚光灯分布创建或选择光度学灯光时，"修改"面板上将显示"分布（聚光灯）"卷展栏，该参数卷展栏中的参数控制聚光灯的聚光区或衰减区，其中"聚光区/光束"参数调整灯光圆锥体的角度，"衰减区/区域"参数调整灯光区域的角度。

（2）"分布（光度学Web）"卷展栏

该参数卷展栏用来选择光域网文件并调整Web的方向，可以通过单击"选择光度学文件"按钮，打开"打开光域Web文件"对话框来指定光域Web文件，该文件可采用IES、LTLI或CIBSE格式，一旦选择某个文件后，该按钮上会显示文件名，而不带具体的扩展名。

- **Web文件的缩略图：** 缩略显示灯光分布图案的示意图，如下图鲜红的轮廓表示光束，而在某些Web中，深红色的轮廓表示不太明亮的区域。

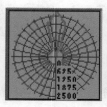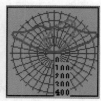

- **X 轴旋转：** 沿着X轴旋转光域网，旋转中心是光域网的中心，范围为−180度至180度。
- **Y 轴旋转：** 沿着Y轴旋转光域网，旋转中心是光域网的中心，范围为−180度至180度。
- **Z 轴旋转：** 沿着Z轴旋转光域网，旋转中心是光域网的中心，范围为−180度至180度。

知识延伸：VRay光源系统

· VRay渲染器带有特定的光源系统，这些灯光系统中包括VRayLight、VRayIES、VRay-环境光和VRay-太阳光4种灯光类型，每种灯光类型有其特定的用途，对应相应的参数面板。

在"创建"面板中单击"灯光"按钮，在灯光类型列表中选择VRay选项，接着单击对应的灯光按钮，即可在场景中创建VRay灯光，其中VRayLight和VRay-太阳光是两种较为常用的灯光类型。

1. VRayLight

在VRayLight的多个参数卷展栏中，"常规"和"选项"参数卷展栏较为常用，它们包含了一些必要的参数。

- **类型**：VRayLight提供了平面、穹顶、球体、网格和圆形5种灯光类型。
- **单位和倍增**：设置灯光亮度单位和灯光的倍增值。
- **颜色**：设置灯光的颜色。
- **投射阴影**：在"选项"参数卷展栏中勾选该复选框，可以使灯光产生阴影。
- **不可见**：该复选框可设置灯光是否可见。
- **不衰减**：勾选该复选框后，灯光的亮度不随距离衰减。
- **天光入口**：勾选该复选框后，灯光的参数设置将被VRay渲染器忽略，代以环境相关参数。
- **存储发光图**：勾选该复选框后，系统将VRay灯光的光照效果保存在Irradiance map（发光贴图）中。
- **影响漫反射/高光/反射**：这些复选框决定灯光是否包含物体材质属性的漫反射、高光或反射。

2. VRay-太阳光

VRaySun主要用来模拟真实室外的太阳光线，在室外建筑表现方面使用VRaySun可以达到较为理想的灯光阴影效果，其参数面板主要包括以下参数。

- **浑浊度**：控制大致的浑浊度，光线穿过浑浊大气时，大气中的悬浮颗粒会使光线发生衍变，该值越高，表示大气越浑浊，光线传播也就越弱。
- **臭氧**：控制大气中的臭氧成分，影响光线到达地面的数量，值越大臭氧越多，达到地面的光线就越少。
- **强度倍增**：控制太阳光的强度，值越大太阳光越强烈。
- **大小倍增**：控制太阳的大小，该值将对物体的阴影产生影响，值越小产生的阴影越锐利。
- **阴影细分**：控制阴影的采样质量，值越高阴影噪点越少，质量越高，渲染时间也就越长。

上机实训：为场景设置灯光效果

通过本章的学习，用户对3ds Max中灯光的类型及创建有了一定的了解，下面将通过具体的案例，介绍使用VRayLight（平面或球体）和目标灯光（光度学）为客厅场景设置灯光效果的方法。

1. VRayLight（平面）的创建

步骤 01 打开随书配套光盘中的"为场景设置灯光效果.max"文件，如下左图所示。

步骤 02 按下F10键，打开"渲染设置"面板，将渲染参数设置为测试参数，单击"渲染"按钮，对场景进行渲染，观察并思考如何布置灯光，如下右图所示。

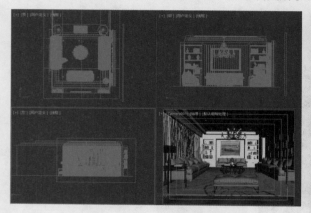

步骤 03 单击左视图左上角的切换视口标签，将视口切换至右视图，在"创建"面板中单击"灯光"按钮，将灯光类型设为VRay，单击VRayLight按钮，并在右视图中沿着落地窗外沿创建灯光，如下左图所示。

步骤 04 选择创建出的灯光，切换至"修改"面板，展开"常规"和"选项"卷展栏，按下右图所示设置相关参数。

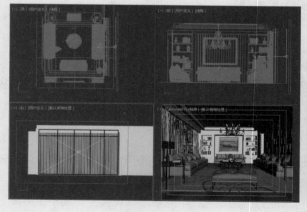

步骤 05 在后视图中，使用VRayLight创建大小、位置如下左图所示的灯光。

步骤 06 选中新建灯光，切换至"修改"面板，其参数设置如下右图所示。

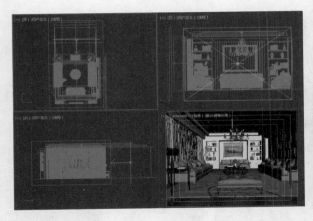

步骤 07 在橱柜处使用VRayLight创建大小、位置如下左图所示的灯光，并实例复制出多个灯光对象。

步骤 08 选择复制出灯光对象中的一个，切换至"修改"面板，其参数设置如下右图所示。

步骤 09 孤立屋顶对象，使用VRayLight创建大小、位置如下左图所示的灯光，实例复制出多个灯光对象。

步骤 10 选中其中一个灯光对象，切换至"修改"面板，其参数设置如下右图所示。

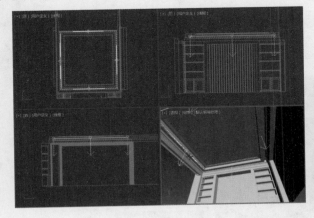

步骤 11 在靠近落地窗的沙发处，创建一个VRayLight，其大小、位置如下左图所示。

步骤 12 选中该灯光对象，切换至"修改"面板，按下右图所示设置相关参数。

步骤 13 在茶几和吊灯中间处，创建出一个大小、位置如下左图所示的VrayLight。

步骤 14 选中该灯光对象，切换至"修改"面板，按下右图设置相关参数。

2. VrayLight（球体）的创建

步骤 01 孤立出吊灯对象，接着在"创建"面板中单击"灯光"按钮，将灯光类型设为VRay，单击VRayLight按钮，在"常规"卷展栏中将灯光"类型"设置为球体，在下图所示的位置实例创建灯光。

步骤 02 选择实例复制出的多个灯光对象中的一个，切换至"修改"面板，在"常规"和"选项"卷展栏中设置相关参数，如下图所示。

步骤 03 在台灯和落地灯处使用VrayLight（球体）创建出如图大小、位置的灯光，并实例复制。

步骤 04 选择其中一个灯光对象，切换至"修改"面板，按下图内容设置参数。

3. 目标灯光（光度学）的创建

步骤 01 在"创建"面板中单击"灯光"按钮，将灯光类型设为"光度学"，单击"目标灯光"按钮，在"常规参数"卷展栏中将"灯光分布（类型）"设置为"光度学Web"选项，在视口中创建如下图所示的灯光，并将其实例复制出多个。

步骤 02 选择实例复制出的多个灯光对象中的一个，切换至"修改"面板，在"常规参数"和"分布（光度学Web）"卷展栏中设置相关参数，如下图所示。

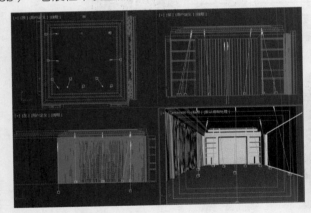

步骤 03 接着展开"强度/颜色/衰减"卷展栏，按下图内容设置相关参数。

步骤 04 在视口中创建如下图所示的光度学目标灯光，将"灯光分布（类型）"设置为"光度学Web"选项，并实例复制出多个对象。

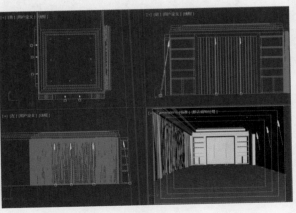

步骤 05 选择实例复制出的多个灯光对象中的一个灯光，切换至"修改"面板，在"常规参数"和"分布（光度学Web）"卷展栏中设置相关参数，如下图所示。

步骤 06 展开"强度/颜色/衰减"参数卷展栏，按下图内容设置相关参数。

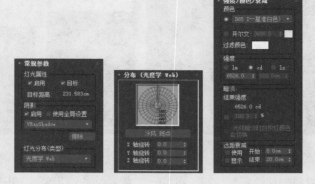

步骤 07 将视口切换至摄影机视图，观察所有创建出的灯光对象是否按下图所示分布。

步骤 08 按下F10键，打开"渲染设置"面板，将渲染品质调高，单击"渲染"按钮，对场景进行渲染，最终效果如下图。

课后练习

1. 选择题

（1）在当前视口中按下（　　）键，可以快速切换至摄影机视口。

    A. G   B. H   C. J   D. C

（2）3ds Max提供了下列哪几种摄影机类型（　　）。

    A. 目标摄影机   B. 自由摄影机   C. 物理摄影机   D. 以上都是

（3）在3ds Max的标准灯光中，（　　）的创建不需要考虑位置。

    A. 目标聚光灯   B. 自由平行光   C. 泛光   D. 天光

（4）3ds Max的光度学灯光包括（　　）。

    A. 目标灯光   B. 自由灯光   C. 太阳定位器   D. 以上都是

（5）在目标光度学灯光中，可以载入光域网使用的灯光分布类型是（　　）。

    A. 统一球形   B. 聚光灯   C. 统一漫反射   D. 光度学Web

2. 填空题

（1）在3ds Max中，当前视口处于透视图时，按下组合键＿＿＿＿＿＿＿＿可以基于当前透视创建出一个摄影机。

（2）摄影机的两个重要特性是＿＿＿＿＿＿＿＿和＿＿＿＿＿＿＿＿。

（3）在室内表现方面，可以创建＿＿＿＿＿＿＿＿来模拟筒灯或射灯等。

（4）＿＿＿＿＿＿＿＿是一种较为特殊的标准灯光，与高级照明（光跟踪器或光能传递）结合使用效果较好。

（5）在VRay光源系统中，常用＿＿＿＿＿＿＿＿来模拟真实的室外太阳光线。

3. 上机题

　　利用随书光盘中提供的"为场景添加摄影机.max"文件，尝试为场景添加灯光对象，既可以模拟夜景效果，也可以将其调节为日光效果。

Chapter 06　环境和效果

本章概述

本章主要为用户讲解3ds Max中环境和效果的用法，是过渡性质的章节内容，为用户将要学习渲染的相关知识做铺垫准备。本章以"环境和效果"面板为基础，介绍了背景环境、火、雾、体积光、镜头效果和模糊效果等内容。

核心知识点

① 掌握场景背景的设置
② 掌握全局照明的设置
③ 知道多种曝光的控制
④ 掌握常用大气效果的添加
⑤ 知道常用的渲染效果

6.1　环境基本参数

在3ds Max中，执行菜单栏中的"渲染>环境"或"渲染>效果"命令，即可打开"环境和效果"对话框，或直接按下8键打开该对话框。在该对话框中包括"环境"和"效果"两个选项卡，在"环境"选项卡中又包括"公用参数"、"曝光控制"和"大气"3个卷展栏，本节主要介绍"公用参数"和"曝光控制"两个参数卷展栏中的具体参数设置，如下图所示。

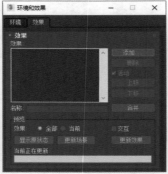

6.1.1　背景与全局照明

打开"环境和效果"对话框中，展开"环境"选项卡中的"公用参数"卷展栏，即可进行背景和全局照明的设置，如下图所示。

1. "背景"选项组

● **颜色：** 设置场景背景的颜色，单击色样按钮，在打开的颜色选择器中选择所需的背景颜色，用户也可以根据需要设置颜色效果动画。

● **环境贴图：** 单击"环境贴图"按钮，打开"材质/贴图浏览器"对话框，选择合适的贴图并指定给环境。添加贴图的"环境贴图"按钮会显示当前环境贴图的名称，而若未指定环境贴图，则显示"无"。

- **使用贴图**：勾选此复选框后，3ds Max将使用贴图作为背景，而不使用背景颜色。指定贴图后，系统会自动启用该复选框，也可以将其禁用以恢复为使用背景颜色。

提示：环境贴图的编辑

指定好环境贴图后，用户进行渲染测试时若发现贴图效果并不是最佳状态，则需要用户进行自定义调节。这时用户可以将"环境贴图"按钮拖到"材质编辑器"面板中的一个空白材质球上，并确保将其作为实例进行放置，然后调整实例复制出的材质球，即可调整环境贴图参数。

2."全局照明"选项组

- **染色**：如果此颜色不是白色，则为场景中的所有灯光（环境光除外）染色。
- **级别**：可用于增强或减弱场景中的所有灯光强度。如果级别为1.0，则保留各个灯光的原始设置，增大级别将增强总体场景的照明，减小级别将减弱总体照明。
- **环境光**：用于设置环境光的颜色。

实战练习 为场景添加背景

学习了环境参数设置后，下面根据所学知识介绍为场景添加背景的操作方法。

步骤 01 打开随书配套光盘中的"为场景添加背景.max"文件，并对摄影机视图进行渲染，其结果如下左图所示，窗外显示为全黑。

步骤 02 按下8键，打开"环境和效果"对话框，在"环境"选项卡的"公用参数"卷展栏的"背景"选项组中，将背景颜色设为下右图所示的颜色。

步骤 03 对摄影机视图进行渲染，可发现窗外背景显示为所设置的颜色，如下左图所示。

步骤 04 单击"环境贴图"通道按钮，为背景添加一个"位图"贴图，如下右图所示。

步骤 05 按F9键对摄影机视图进行渲染，可发现窗外背景不显示颜色，而显示为所设置的贴图图片中的一部分，如下左图所示。

步骤 06 将"环境贴图"按钮上的贴图拖曳到"材质编辑器"面板中的一个材质球上，如下右图所示。在弹出的"实例（副本）贴图"对话框中选择"实例"选项。

步骤 07 设置贴图所使用的环境贴图坐标类型，单击"贴图"后的下拉按钮，从列表中选择"屏幕"选项，如下左图所示。

步骤 08 按F9键对摄影机视图进行渲染，观察修改贴图坐标类型后的渲染效果，如下右图所示。

步骤 09 在"材质编辑器"面板的"坐标"卷展栏中，将V方向的"偏移"值设为0.15，"瓷砖"值设为1.5，如下左图所示。

步骤 10 按F9键对摄影机视图进行渲染，观察修改贴图坐标具体参数后的渲染效果，并与上述几个步骤中的结果进行比较，如下右图所示。

6.1.2 曝光控制

"曝光控制"卷展栏用于调整渲染的输出级别和颜色范围的插件组件，其参数设置适用于使用光能传递的渲染或渲染高动态范围（HDR）图像。曝光控制是指将光能量值映射到一个称为色调映射的过程。曝光控制会影响渲染图像和视口显示的亮度和对比度，但不会影响场景中的实际照明级别，只是影响这些级别与有效显示范围的映射关系，其效果就像调整胶片曝光一样。

在"环境和效果"对话框中，单击"环境"选项卡，在"曝光控制"卷展栏中可以进行曝光控制类型的选择，包括如下右图所示的6种类型，选择任一类型选项后，在"环境"选项卡中将显示与之对应的参数卷展栏，下面将对这6种参数卷展栏进行详细地介绍。

- **曝光控制下拉列表：** 选择要使用的曝光控制类型，有"VRay曝光控制"、"对数曝光控制"、"伪彩色曝光控制"、"物理摄影机曝光控制"、"线性曝光控制"和"自动曝光控制"6个选项。下图所示分别为线性曝光和对数曝光控制示意图。

- **活动：** 勾选该复选框时，在渲染中使用该曝光控制；取消勾选该复选框时，不应用该曝光控制。默认设置为勾选状态。
- **处理背景及环境贴图：** 启用该复选框时，场景背景贴图和场景环境贴图受曝光控制的影响，取消勾选该复选框时，则不受曝光控制的影响，默认设置为禁用状态。
- **预览缩略图：** 缩略图显示应用了活动曝光控制的渲染场景的预览效果图，渲染了预览后，在更改曝光控制设置时将交互式更新，如果Gamma校正或查找表 (LUT) 校正处于活动状态，则 3ds Max 会将校正应用于此预览缩略图。
- **渲染预览：** 单击该按钮可以渲染预览缩略图。

1. VRay曝光控制

用来控制VRay渲染器的曝光效果，在"曝光控制"卷展栏中选择该选项后，在"环境"选项卡中将出现"VRay曝光控制"卷展栏，来调节曝光值、快门速度和光圈值等参数。

2. 对数曝光控制

在日光的室外场景中，调节亮度、对比度等参数，并将物理值映射为RGB值，该曝光控制比较适合动态范围很高的场景，在其参数卷展栏中"仅影响间接照明"和"室外日光"复选框为特有参数。

3. 伪彩色曝光控制

伪彩色曝光控制实际上是一个照明分析工具，用户可以使用该工具直观地观察和计算场景中的照明级别。在"曝光控制"卷展栏中，选择曝光控制类型为"伪彩色曝光控制"，即可打开"伪彩色曝光控制"卷展栏，如下左图所示。

伪彩色曝光控制可以将亮度或照度值映射转换为伪彩色值，在渲染结果中从最暗到最亮，渲染依次显示蓝色、青色、绿色、黄色、橙色和红色。此外，如果可以将"样式"设为"灰度"，那么最亮的值将显示白色，最暗的值将显示黑色。

下右图所示为使用光能传递场景的伪彩色曝光渲染情况，红色的区域为照明过度，蓝色的区域为照明不足，绿色的区域处于良好的照明级别。使用伪彩色渲染场景后，3ds Max显示标签为"照度"的渲染帧窗口，渲染图像下面有一个照度值图例。

 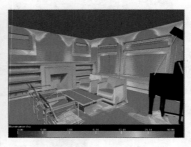

4. 物理摄影机曝光控制

该曝光模式是使用曝光值和颜色–响应曲线设置物理摄影机的曝光情况，在"曝光控制"卷展栏中将曝光控制类型设为"物理摄影机曝光控制"，即可打开"物理摄影机曝光控制"卷展栏。

5. 线性曝光控制

线性曝光控制是从渲染图像中采样，使用场景的平均亮度将物理值映射为RGB值。该曝光控制选项最适合用于动态范围很低的场景，其参数卷展栏中的参数与"自动曝光控制参数"卷展栏一致。

6. 自动曝光控制

自动曝光控制可以从渲染图像中采样，生成一个柱状图，在渲染的整个动态范围提供良好的颜色分离，可以用来增强某些照明效果，否则，这些照明效果会过于暗淡而看不清。

- **亮度或对比度**：调整转换颜色的亮度或对比度。
- **曝光值**：调整渲染的总体亮度，相当于具有自动曝光功能摄影机中的曝光补偿功能。
- **物理比例**：设置曝光控制的物理比例，用于非物理灯光，使其与眼睛对场景的反应相同。
- **颜色校正**：勾选该复选框后，颜色修正会改变所有颜色。
- **降低暗区饱和度级别**：勾选该复选框后，渲染器将渲染出灰色色调的暗淡照明效果。

6.2　大气效果

在"环境和效果"对话框的"大气"卷展栏
中，包含一些用于模拟创建自然界中常见环境效果
（例如雾、火焰等）的插件，单击该卷展栏中的"添
加"按钮，可以打开"添加大气效果"对话框。

"添加大气效果"对话框中除了包含一些3ds Max
系统自带的大气环境效果外，还包括当前安装的插
件渲染器所提供的大气效果。本节将为用户具体介
绍3ds Max系统自带的"火效果"、"雾"、"体积
雾"和"体积光"4种大气环境效果的参数和应用。

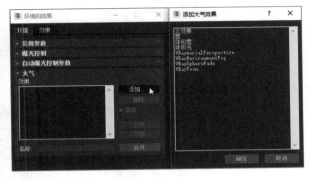

- **效果：** 该列表框用于显示已添加的效果选项。在渲染期间，效果在场景中按线性顺序计算，根据所
  选的效果选项，"环境"选项卡中将显示对应的效果参数卷展栏。
- **名称：** 为列表中的效果自定义名称，如不同类型的火焰效果，可以使用不同的自定义设置，并将其
  命名为"火花"或"火球"等。
- **添加或删除：** 单击"添加"按钮，可以打开"添加大气效果"对话框，选择所需效果选项，然后单
  击"确定"按钮，将所选效果添加到列表中；而单击"删除"按钮，可以将所选大气效果从列表中
  删除。
- **活动：** 为列表中的各个效果设置启用或禁用状态，可方便地孤立大气列表中的各种效果。
- **上移或下移：** 在列表中将所选的选项上移或下移，更改大气效果的应用顺序。
- **合并：** 用于合并其他3ds Max场景文件中的效果。

6.2.1　火效果

使用火焰环境效果可以生成动态的火焰、烟雾和爆炸效果，此外像篝
火、火炬、火球、烟云和星云等也可使用"火效果"生成。为场景添加"火
效果"时需要注意以下几点。

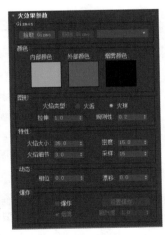

- 用户可以向场景中添加任意数目的火焰效果，但它们的顺序很重要，
  因为列表底部的效果其层次置于在列表顶部效果的前面。
- 每个效果都有自己的参数卷展栏，在"效果"列表框中选择某一火焰
  效果时，其参数卷展栏将出现在"环境"面板的下方。
- 只有摄影机视图或透视视图中会渲染火焰效果，正交视图或用户视图
  不会渲染火焰效果。
- 火焰效果不支持完全透明的对象，若要使火焰对象消失，应设置对象
  的可见性，而不是透明度。
- 火焰效果在场景中不发光，也不能投射阴影。若要模拟火焰的发光效果，必须同时创建灯光；若要
  使火焰效果投射阴影，需在灯光的"阴影参数"卷展栏中设置"大气阴影"参数。
- 必须为火焰效果指定大气装置，才能渲染火焰效果。在"创建"面板中单击"辅助对象"按钮，从
  辅助对象类型列表中选择"大气装置"选项，单击相应按钮即可进行大气装置的创建。

下面将为用户介绍"火效果参数"卷展栏中的各个参数的含义，具体如下。

- **拾取Gizmo：** 单击该按钮进入拾取模式，然后单击场景中的某个大气装置，可以为多个火焰效果指

定一个装置。

- **移除Gizmo**：移除Gizmo列表中所选的Gizmo，Gizmo仍在场景中，但是不再显示火焰效果。
- **Gizmo下拉列表**：列出为火焰效果指定的装置对象。
- **内部颜色**：设置效果中最密集部分的颜色，对于典型的火焰而言，此颜色代表火焰中最热的部分。
- **外部颜色**：设置效果中最稀薄部分的颜色，对于典型的火焰而言，此颜色代表火焰中较冷的散热边缘。火焰效果使用内部颜色和外部颜色之间的渐变进行着色，效果中的密集部分使用内部颜色，效果的边缘附近逐渐混合为外部颜色。
- **烟雾颜色**：该设置用于"爆炸"选项组的烟雾颜色。
- **火焰类型**：设置火焰的方向和常规图形。
- **拉伸**：火焰沿着装置的Z轴缩放，拉伸最适合的火舌火焰，也可以使用拉伸为火球提供椭圆形状。
- **规则性**：修改火焰填充装置的方式，其取值范围为1.0至0.0，如果值为1.0，则填满装置，效果在装置边缘附近衰减，但是总体形状仍然非常明显；如果值为0.0，则生成不规则的效果，有时可能会到达装置的边界，但是通常会被修剪，会小一些。
- **火焰大小**：设置装置中各个火焰的大小。装置大小会影响火焰大小，装置越大，需要的火焰也越大。
- **火焰细节**：控制每个火焰中显示的颜色更改量和边缘尖锐度。
- **密度**：设置火焰效果的不透明度和亮度，装置大小会影响密度。
- **采样**：设置效果的采样率。值越高，生成的结果越准确，渲染所需的时间也越长。
- **相位**：控制更改火焰效果的速率。
- **漂移**：设置火焰沿着火焰装置的Z轴渲染方式。
- **爆炸**：勾选"爆炸"复选框，火焰将产生爆炸效果。
- **烟雾**：控制爆炸是否产生烟雾。
- **剧烈度**：改变相位参数的涡流效果。
- **设置爆炸**：单击该按钮，可打开"设置爆炸相位曲线"对话框，设置爆炸的开始时间和结束时间。

6.2.2　雾效果

　　雾环境效果用以呈现雾或烟的外观，可使创建对象随着与摄影机距离的增加逐渐衰减显示（标准雾），此外还提供了分层雾效果，用于创建所有对象或部分对象被雾笼罩的效果。若要在视口中查看雾效显示范围，需要应用摄影机参数卷展栏中的"环境范围"参数。

- **颜色**：设置雾的颜色。
- **环境颜色贴图**：从贴图导出雾的颜色。
- **使用贴图**：用于切换对应贴图效果的启用或禁用操作。
- **环境不透明度贴图**：指定不透明度贴图来更改雾的密度。
- **雾背景**：将雾功能应用于场景的背景。
- **类型**：有"标准"和"分层"两个单选按钮，用于开启对应的选项组。
- **指数**：勾选该复选框时，随距离按指数增大雾密度；取消勾选该复选框时，密度随距离线性增大。只有在需要渲染雾中的透明对象时，才勾选此复选框。
- **近端%**：设置雾在近距范围的密度，与摄影机"环境范围"中的参数对应。
- **远端%**：设置雾在远距范围的密度，与摄影机"环境范围"中的参数对应。
- **"分层"选项组**：使雾在上限和下限之间变薄或变厚。

实战练习 为场景添加雾效

　　根据上述对雾环境效果参数的介绍，接下来具体介绍为场景添加雾效的操作方法，具体如下。

步骤 01 打开随书配套光盘中的"为场景添加雾效.max"文件，如下左图所示。

步骤 02 按下F9键，对摄影机视图进行渲染测试，渲染效果如下右图所示。

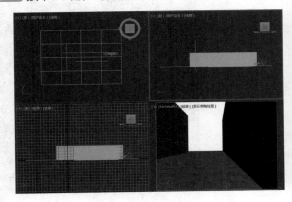 

步骤 03 在菜单栏中执行"渲染>环境"命令，或按下8键，打开"环境和效果"对话框，在"大气"卷展栏中单击"添加"按钮，打开"添加大气效果"对话框，选择"雾"选项并单击"确定"按钮，如下左图所示。

步骤 04 添加"雾"效果后，"环境"选项卡下方将显示"雾"参数卷展栏，设置"标准"选项组中的"近端%"值为10，"远端%"值为70，如下右图所示。

步骤 05 选择摄影机，打开其"修改"面板的"参数"卷展栏，勾选"环境范围"选项组中的"显示"复选框，如下左图所示。

步骤 06 按下F9键，对摄影机视图进行渲染测试，添加雾效的结果如下右图所示。

6.2.3 体积雾效果

体积雾环境效果可以创建密度不是恒定不变的雾效果，如模拟在风中飘散、吹动的云状雾效果。与火环境效果相似，也可为体积雾指定大气装置。

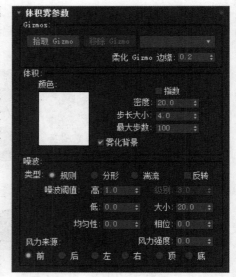

- **拾取Gizmo：** 默认情况下，体积雾填满整个场景，用户也可以选择Gizmo（大气装置）包含雾，即单击"拾取Gizmo"按钮，进入拾取模式，然后单击场景中的某个大气装置即可。在渲染时，装置会包含体积雾，装置的名称将添加到装置列表中。
- **移除Gizmo：** 将Gizmo从体积雾效果中移除。
- **Gizmo下拉列表：** 列出为体积雾效果指定的装置对象。
- **柔化Gizmo边缘：** 羽化体积雾效果的边缘。值越大，边缘越柔和，取值范围从0到1.0之间。需注意的是，如果将此值设置为0，设置"柔化Gizmo边缘"值时，可能会导致边缘模糊。
- **颜色：** 设置雾的颜色。
- **指数：** 勾选该复选框时，随距离按指数增大雾密度；取消勾选该复选框时，密度随距离线性增大。一般渲染体积雾中的透明对象时，才勾选此复选框。
- **密度：** 控制雾密度，其取值范围为0～20，超过该值则可能会看不到场景。
- **步长大小：** 确定雾采样的粒度，即雾的"细度"。设置较大的步长值，会使雾变得粗糙。
- **最大步数：** 限制采样量，以便雾的计算不会永远执行，如果雾的密度较小，此参数非常有用。
- **雾化背景：** 将雾功能应用于场景的背景。
- **类型：** 从"规则"、"分形"和"湍流"三种噪波类型中选择要应用的类型，其后的"反转"复选框用来反转噪波效果，如反转后浓雾将变为半透明的雾，反之亦然。
- **噪波阈值：** 限制噪波效果，取值范围为0到1.0之间。
- **均匀性：** 取值范围从−1到1，作用与高通过滤器类似。值越小，体积越透明，包含分散的烟雾泡。如果该值在−0.3左右，图像看起来像有灰斑效果。因为此参数值越小，雾越薄，则需要增大密度，否则体积雾将开始消失。
- **级别：** 设置噪波迭代应用次数，范围为1到6之间，该参数只有选择"分形"或"湍流"噪波选项才可用。
- **大小：** 确定烟卷或雾卷的大小，值越小，卷越小。
- **相位：** 控制风的种子。如果"风力强度"值大于0，体积雾会根据风向产生动画，如果不设置"风力强度"参数值，雾将在原处涡流。因为相位有动画轨迹，所以用户可以使用"功能曲线"编辑器准确定义风"吹"的方式。
- **风力强度：** 控制烟雾远离风向（相对于相位）的速度，如果相位没有设置动画，无论风力强度有多大，烟雾都不会移动。通过使相位随着大的风力强度慢慢变化，雾的移动速度将大于其涡流速度。
- **风力来源：** 选择所需的单选按钮，来定义风吹来的方向。

6.2.4　体积光效果

体积光环境效果是根据灯光与大气（雾、烟雾等）间的相互作用，提供体积照明效果，可提供泛光灯的径向光晕、聚光灯的锥形光晕和平行光的平行雾光束等效果。如果使用阴影贴图作为阴影生成器，则体积光中的对象可以在聚光灯的锥形中投射阴影。如下左图所示为"体积光参数"卷展栏，下右图所示为在包含阴影和噪波的复杂环境中使用的体积光效果图。

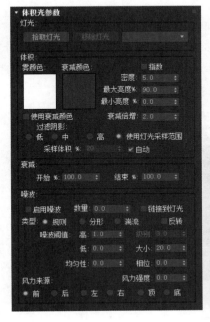

- **拾取灯光**：单击该按钮，然后按下H键，从打开的"拾取对象"对话框的列表中，可拾取多个灯光对象。
- **雾颜色**：设置组成体积光的雾的颜色，与其他雾效果不同，此雾颜色与灯光的颜色组合使用。
- **衰减颜色**：体积光随距离而衰减，体积光经过灯光的近距衰减和远距衰减过程中，其颜色从"雾颜色"渐变到"衰减颜色"。"衰减颜色"与"雾颜色"相互作用，如雾颜色是红色，衰减颜色是绿色，在渲染时，雾将衰减为紫色。
- **使用衰减颜色**：勾选该复选框激活衰减颜色。
- **密度**：设置雾的密度，雾越密，反射的灯光就越多。密度的范围为2%到6%时，可能会获得最具真实感的雾体积。
- **最大亮度%**：设置可以达到的最大光晕效果，默认设置为90%。
- **最小亮度%**：设置可以达到的最小光晕效果。
- **衰减倍增**：调整"衰减颜色"的效果。
- **过滤阴影**：用于通过提高采样率（以增加渲染时间为代价）获得更高质量的体积光渲染，包括"低"、"中"、"高"和"使用灯光采样范围"4个单选按钮。
- **采样体积%**：控制体积的采样率，其后的"自动"复选框用于自动控制"采样体积%"参数。
- **开始%或结束%**：设置灯光效果的开始或结束衰减的百分百，与实际灯光参数的衰减相对。
- **启用噪波**：该复选框用于启用或禁用噪波，启用噪波时，渲染时间会稍有增加。
- **数量**：用于设置雾的噪波百分比，如果值为0，则没有噪波；如果值为1，雾将变为纯噪波。
- **链接到灯光**：将噪波效果链接到其灯光对象，而不是世界坐标。

6.3 渲染效果

在"环境和效果"对话框的"效果"选项卡中，可指定和管理渲染效果，使用渲染效果可以在最终渲染图像或动画之前添加各种后期制作效果，而不必渲染场景来查看结果，故渲染图像效果可以让用户以交互方式进行工作。在调整效果参数时，渲染帧窗口使用场景几何体和应用效果的最终输出图像进行更新，也可以选择继续处理某个效果，然后手动更新该效果。

单击"环境和效果"对话框中的"添加"按钮，如下左图所示。即可打开"添加效果"对话框，如下右图所示。该对话框提供了一些系统自带或插件渲染器提供的多种渲染效果选项，双击某一选项即可将该效果添加到"环境和效果"对话框的"效果"列表框中，然后单击列表中的效果名称，即可打开对应的效果参数卷展栏。本节将为用户介绍众多渲染效果中较为常用的几种效果。

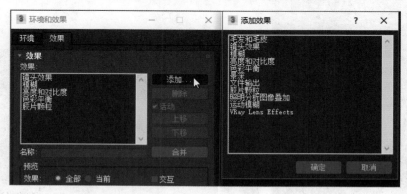

6.3.1 镜头效果

在3ds Max中，通常使用"镜头效果"创建与摄影机相关的真实表现效果，包括"光晕"、"光环"、"射线"、"自动二级光斑"、"手动二级光斑"、"星形"和"条纹"7种类型。若要使用这些镜头效果，首先应在"镜头效果参数"卷展栏左侧的列表框中选择所需的效果名称，然后将其添加到右侧的列表中。

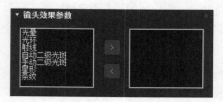

每个镜头效果都有自己特有的参数卷展栏，单击"镜头效果参数"卷展栏右侧列表中的效果名称，即可打开其参数卷展栏。但所有镜头效果共用"镜头效果全局"卷展栏中的"参数"和"场景"2个参数面板。

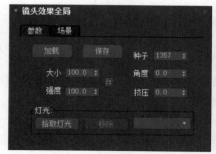

6.3.2 模糊效果

模糊渲染效果可以通过3种不同的方法使渲染效果或图像变模糊，分别是"均匀型"、"方向型"和"放射型"。模糊效果的"模糊参数"卷展栏中包括"模糊类型"和"像素选择"两个选型卡。

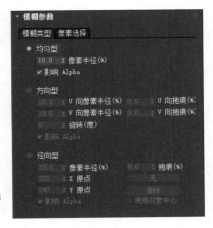

1. "模糊类型"选项卡

单击"模糊参数"卷展栏中"模糊类型"选型卡，查看3种不同的使图像变模糊方法的参数设置。

- **均匀型**：将模糊效果均匀应用于整个渲染图像。
- **像素半径**：确定模糊效果的强度。
- **影响Alpha**：勾选该复选框，可将均匀型模糊效果应用于Alpha通道。
- **方向型**：按照"方向型"参数指定的任意方向应用模糊效果。
- **U/V向像素半径**：确定模糊效果的水平或垂直强度。
- **U/V向拖痕**：为U或V轴的某一侧分配更大的模糊权重。
- **径向型**：径向应用模糊效果，可以将渲染图像中的某个点定义为模糊效果的中心。

2. "像素选择"选项卡

在"模糊参数"卷展栏中切换至"像素选择"选项卡，模糊效果将根据所做的选择及设置应用于各个像素，使其产生相应的模糊效果。

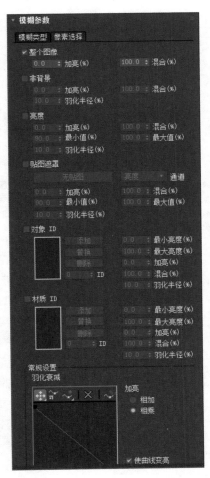

- **整个图像**：勾选该复选框时，模糊效果将影响整个渲染图像，设置"加亮"值可加亮整个图像，设置"混合"值可将模糊效果和"整个图像"参数与原始的渲染图像进行结合。
- **非背景**：勾选该复选框模糊效果使场景对象变模糊，而不是使背景变模糊。
- **羽化半径**：设置应用于场景的非背景元素的羽化模糊效果的百分比。
- **亮度**：影响亮度值介于"最小值（%）"和"最大值（%）"微调器之间的所有像素。
- **最小/大值（%）**：设置每个像素要应用模糊效果所需的最小或最大的亮度值。
- **贴图遮罩**：通过"材质/贴图浏览器"面板选择的通道和应用的遮罩，来应用模糊效果。
- **对象ID**：如果具有特定对象ID的对象与过滤器设置匹配，会将模糊效果应用于该对象或对象中的部分。
- **材质ID**：如果具有特定材质ID通道的材质与过滤器设置匹配，将模糊效果应用于该材质或该材质中的某部分。
- **"常规设置"选项组**：该选项组使用"羽化衰减"曲线来确定基于图形模糊效果的羽化衰减，用户可以向这个图形添加点，然后调整这些点的插值，来自定义创建衰减曲线。

6.3.3 亮度和对比度效果

使用亮度和对比度效果不仅可以调整图像的对比度和亮度，还可以用于将渲染场景对象与背景图像或动画进行匹配操作，其参数设置面板如下图所示。

- **亮度**：用于增加或减少所有色元（红色、绿色和蓝色），取值范围为0到1.0之间。
- **对比度**：用于压缩或扩展最大黑色和最大白色之间的范围，取值范围为0到1.0之间。
- **忽略背景**：将效果应用于3ds Max场景中除背景以外的所有元素。

6.3.4 色彩平衡效果

使用颜色平衡效果可以通过独立调节控制RGB通道操纵相加或相减颜色，从而达到改变场景或图像的色彩情况，其参数设置面板如下图所示。

- **青/红**：调整红色通道。
- **洋红/绿**：调整绿色通道。
- **黄/蓝**：调整蓝色通道。
- **保持发光度**：勾选此复选框后，修正颜色的同时保留图像的发光度。

 ## 知识延伸：HDRI环境贴图

HDRI是一种高动态范围贴图，是High-Dynamic Range（HDR）Image的缩写，HDRI拥有比普通RGB格式图像（仅8bit的亮度范围）更大的亮度范围，标准的RGB图像最大亮度值是255/255/255。计算机在表示图像的时候是用8位或16位级来区分图象的亮度的，如果用这样的图像结合光能传递照明的场景，即使是最亮的白色也不足以提供足够的照明来模拟真实世界中的情况，渲染结果看上去会平淡而缺乏对比，原因是这种图像文件将现实中大范围的照明信息仅用一个8bit的RGB图像描述。

用户如果在场景中使用HDRI的话，相当于将太阳光的亮度值（比如6000%）加到光能传递计算以及反射的渲染中，得到的渲染结果也是非常真实和漂亮的。在HDRI的帮助下，用户可以使用超出普通范围的颜色值，因而能渲染出更加真实的3D场景。

HDRI贴图是一种模拟环境的文件，在三维场景中，可以将其作为环境背景、光照贴图或反射贴图等。在3ds Max中，按下8键，可以把HDRI图像放在环境背景设置中做背景渲染显示，或是配合使用VRay渲染器GI全局光照中的相关参数，来达到模拟光天的光照作用。此外用户还可以在环境反射里，使用HDRI来做反射贴图。

上机实训：为场景添加体积光和镜头效果

应用本章所学知识，结合创建好的灯光，为实例场景添加体积光和镜头效果，具体操作方法如下。

步骤 01 打开随书配套光盘中的"为场景添加体积光和镜头效果.max"文件，如下左图所示。

步骤 02 按下F9键，对摄影机视图进行渲染测试，渲染效果如下右图所示。

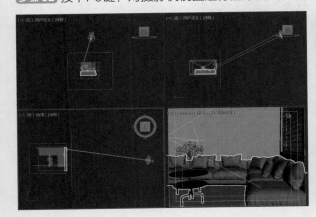

步骤 03 按8键打开"环境和效果"对话框，单击"大气"卷展栏中的"添加"按钮，打开"添加大气效果"对话框，选择"体积光"选项，如下左图所示。

步骤 04 添加好"体积光"效果后，在"体积光参数"卷展栏中单击"拾取灯光"按钮，接着按下H键，如下右图所示。

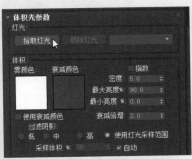

步骤 05 在打开的"拾取对象"对话框中，选择所需灯光名称，即Direct01对象，接着单击"拾取"按钮，如下左图所示。

步骤 06 接着在"体积光参数"卷展栏中，修改"雾颜色"，勾选"指数"复选框，将"密度"值设为3.6，将"过滤阴影"设为"中"，如下右图所示。

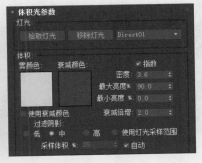

步骤 07 按下F9键，对摄影机视图渲染测试，观察添加"体积光"效果后的情况，发现其结果与预期设想有差别，"体积光"效果太单调，如下左图所示。

步骤 08 选择灯光Direct01对象，在其"修改"面板的"高级效果"卷展栏中单击"投影贴图"按钮，添加所需的贴图，如下右图所示。

步骤 09 在"高级效果"卷展栏中按住已添加的贴图按钮，将其拖放的"材质编辑器"中的一个材质球上，并按下左图所示设置其参数。

步骤 10 按下F9键，渲染测试添加灯光"投影贴图"后的场景效果，渲染结果如下右图所示。

步骤 11 在"环境和效果"对话框中单击"添加"按钮，添加"镜头效果"，如下左图所示。

步骤 12 在"镜头效果"卷展栏中，选择"自动二级光斑"选项，将其添加到右侧列表中，如下右图所示。

步骤 13 接着在"镜头效果全局"和"自动二级光斑元素"卷展栏中，按下左图所示进行参数设置。

步骤 14 按下F9键，对最终结果进行渲染，完成"镜头效果"和"体积光"效果的设置，如下右图所示。

课后练习

1. 选择题

（1）在3ds Max中，按下（　　）键，可以快速打开"环境和效果"对话框。

A. G　　　　　　　　B. 8　　　　　　　　C. J　　　　　　　　D. C

（2）3ds Max中，下列（　　）模式比较适合动态范围很高的场景。

A. 伪彩色曝光控制　　B. 线性曝光控制　　C. 对数曝光控制　　D. 自动曝光控制

（3）在3ds Max的大气效果中，（　　）效果必须指定大气装置才能渲染相应的效果。

A. 雾　　　　　　　　B. 体积光　　　　　　C. 火效果　　　　　　D. 镜头效果

（4）在"效果"面板中单击"添加"按钮，添加"镜头效果"，下列选项中属于"镜头效果"的是（　　）。

A. 光晕　　　　　　　B. 自动二级光斑　　　C. 光环　　　　　　　D. 以上都是

（5）模糊渲染效果通过（　　）方法使渲染效果或图像变模糊。

A. 均匀型　　　　　　B. 方向型　　　　　　C. 径向型　　　　　　D. 以上都是

2. 填空题

（1）"环境和效果"对话框中有＿＿＿＿＿和＿＿＿＿＿两个选项卡。

（2）在"环境"选项卡下的"公用参数"卷展栏中，有＿＿＿＿＿和＿＿＿＿＿两个选项组。

（3）在"曝光"卷展栏中，3ds Max系统自带有＿＿＿＿＿5种曝光控制类型。

（4）在"环境和效果"对话框的"大气"卷展栏中，3ds Max系统提供了＿＿＿＿＿4种大气效果。

（5）在"环境和效果"对话框的"效果"选项卡中，单击＿＿＿＿＿按钮，可以打开"添加效果"对话框。

3. 上机题

打开随书配套光盘中的"课后练习_火柴.max"文件，按下F9键快速渲染摄影机视图，如下左图所示。然后按下右图所示为火柴模型添加火焰效果。

（1）在"创建"面板中单击"辅助对象"按钮，选择"大气装置"选项；

（2）单击"球体Gizmo"按钮，在视图中合适位置创建大气装置，再在大气卷展栏中添加"火效果"；

（3）拾取视图中创建的球体Gizmo后，参考随书配套光盘中的"课后练习_火柴_完成.max"文件设置火效果参数；

（4）继续创建大气装置，在大气卷展栏中添加火效果，接着拾取视图中创建的球体Gizmo；

（5）参考随书配套光盘中的"课后练习_火柴_完成.max"文件设置火效果参数即可。

Chapter 07 渲染和动画

本章概述

本章将对3ds Max中渲染和动画的相关知识进行介绍。其中，渲染作为工作流程中图像效果体现的重要环节，需要用户能够合理地设置"渲染设置"面板和"渲染帧窗口"中的相关参数，着重介绍了VRay渲染器的设置。而在动画制作方面，将主要介绍关键帧动画、轨迹试图和动画约束的相关知识。

核心知识点

① 了解常用渲染器类型
② 掌握渲染帧窗口的应用
③ 掌握"渲染设置"面板的使用
④ 掌握VRay渲染器的设置
⑤ 知道动画制作的相关知识

7.1 渲染的基础知识

在三维创作设计中，因计算机不能实时地表现设计效果，所以无论是从最初模型的创建、材质贴图的应用，还是摄影机、灯光的设置，或是环境特效的添加等一系列的设计过程，都有可能需要用户进行创作效果的测试或是生成最终效果，而这一切都依赖于渲染的相关知识，它是一些工作流程的测试或总结。

在3ds Max中，用户可以使用"渲染设置"面板对场景进行渲染设置，并将渲染图像或动画保存到相应的文件中。渲染效果的可视体现将显示在渲染帧窗口中，在该窗口中用户还可以进行渲染的其他设置，下图分别为"渲染设置"面板和渲染帧窗口。

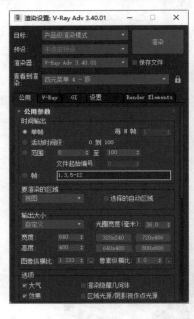

● **"渲染设置"面板**：在菜单栏中执行"渲染>渲染设置"命令，或直接按下F10键，用户也可以单击主工具栏中的"渲染设置"按钮，打开该面板，几乎所有的渲染设置命令都在该面板中完成。

● **渲染帧窗口**：在菜单栏中执行"渲染>渲染帧窗口"命令，或单击主工具栏中的"渲染帧窗口"按钮，都可以打开渲染帧窗口。该窗口除了用于显示渲染输出外，还可以设置要渲染的区域、视口和预设等。此外，也可以将渲染出的图像进行保存操作。

7.1.1 常用渲染器

在3ds Max中，利用渲染器对场景所设置的灯光、所应用的材质及环境设置（如背景和大气）进行着色渲染，除了系统自带的"ART渲染器"、"Quichsilver硬件渲染器"、"VUE文件渲染器"和默认的"扫描线渲染器"4种渲染器外，用户还可以安装一些插件渲染器，如VRay渲染器。

每种渲染器都有各自的特点和优势，用户可以根据作图习惯或场景需要选择适合的渲染器，具体的操作方法有下面两种。

- 打开"渲染设置"面板，单击面板上部的"渲染器"下列按钮，从列表中进行渲染器的选择。
- 在"渲染设置"面板中切换至"公用"选项卡，单击"指定渲染器"卷展栏中"产品级"后的"选择渲染器"按钮，打开"选择渲染器"对话框进行选择。

1. 扫描线渲染器

扫描线渲染器是3ds Max默认的渲染器，它是一种可以将场景从上到下生成一系列扫描线的多功能渲染器，渲染速度快，但效果真实度一般。

2. ART 渲染器

Autodesk Raytracer（ART）渲染器是一种仅使用CPU并且基于物理方式的快速渲染器，适用于建筑、产品和工业设计渲染与动画。

3. Quicksilver 硬件渲染器

Quicksilver硬件渲染器使用图形硬件生成渲染，使用它的默认设置，可以进行快速渲染。

4. VUE文件渲染器

使用VUE文件渲染器可以创建 VUE (.vue) 文件，而VUE文件使用的是可编辑ASCII格式值。

5. VRay渲染器

VRay渲染器是由ChaosGroup和ASGVIS公司出品的一款高质量渲染软件，是目前业界较受欢迎的渲染引擎，可提供高质量的图片和动画渲染效果。

VRay渲染器最大特点是能较好地平衡渲染品质与计算速度之间的关系，它提供了多种GI方式，在选择渲染方案时既可以选择快速高效的渲染方案，也可以选择高品质的渲染方案。

7.1.2 渲染器公用设置

无论用户选择何种渲染器，其"渲染设置"都包含在"公用"选项卡中。"公用"选项卡除了允许用户进行渲染器选择外，其中所有参数都应用于所选渲染器，包括"公用参数"、"电子邮件通知"、"脚本"和"指定渲染器"卷展栏。

1. "公用参数"卷展栏

"公用参数"卷展栏用来设置所有渲染器的公用参数，这些参数是对渲染出图像的基本信息设置，主要包括以下参数。

- **"时间输出"选项组**：选择要渲染的帧，既可以渲染出单个帧，也可以渲染出多帧，还可以是全部活动时间段或一序列帧。当选择"活动时间段"或"范围"单选按钮时，可设置每隔多少帧进行渲染一次，即设置"每N帧"的值。
- **"要渲染的区域"选项组**：选择要渲染的区域，也可以在渲染帧窗口中进行设置。
- **"输出大小"选项组**：选择一个预定义的大小或在"宽度"和"高度"数值框（像素为单位）中输入相应的值，这些参数将影响图像的分辨率和纵横比。若从"自定义"列表中选择输出格式，那么"图像纵横比"、"宽度"和"高度"的值可能会发生变化。
- **"选项"选项组**：根据需要勾选相应的复选框，来渲染所需的效果。
- **"高级照明"选项组**：勾选该复选框后，3ds Max将在渲染过程中提供光能传递解决方案或光跟踪，而勾选"需要时计算高级照明"复选框，则在需要逐帧处理时，计算光能传递。
- **"位图性能和内存选项"选项组**：显示3ds Max是使用完全分辨率贴图还是位图代理进行渲染，要更改设置，可单击"设置"按钮。
- **"渲染输出"选项组**：用于预设渲染输出，当用户在"时间输出"选项组中设置的渲染选项不是"单帧"单选按钮，若不进行图像文件的保存设置，系统将会弹出"警告：没有保存文件"对话框，提醒用户要进行相关参数的保存设置。而"跳过现有图像"复选框是在启用"保存文件"后，渲染器将跳过序列帧中已经渲染保存到磁盘中的图像帧，而去渲染其他帧。

2. "电子邮件通知"和"脚本"卷展栏

使用"电子邮件通知"卷展栏可使渲染作业发送电子邮件通知，像网络渲染那样。如果启动冗长的渲染（如动画），并且不需要在系统上花费所有时间，这种通知非常有用。使用"脚本"卷展栏可以指定在渲染之前和之后要运行的脚本，每个脚本在当前场景的整个渲染作业开始或结束时执行一次，这些脚本不会逐帧运行。

3. "指定渲染器"卷展栏

"指定渲染器"卷展栏显示指定给产品级和 ActiveShade 类别的渲染器，也显示材质编辑器窗口中的示例窗，单击"产品级"后的"选择渲染器"按钮，打开"选择渲染器"对话框，选择渲染器。

7.1.3 渲染帧窗口

在3ds Max中，渲染过程和渲染区域可通过渲染帧窗口和"渲染"进度对话框进行查看和编辑。其中"渲染"进度对话框显示渲染操作的状态，单击渲染帧窗口中的"渲染"按钮，"渲染"进度对话框将显示所使用的参数和进度栏，单击"取消"和"暂停"按钮，可以对渲染进度进行取消或暂停操作。而渲染帧窗口将会显示渲染输出状况，有多个常用选项和按钮，下面将对其进行介绍。

 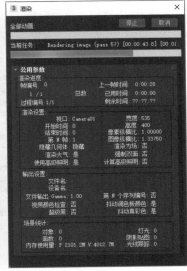

- **渲染帧窗口标题栏：**显示视口名称、帧编号、图像类型、颜色深度和图像纵横比等信息。
- **要渲染的区域：**该下拉列表提供可用的要渲染的区域选项，有"视图"、"选定"、"区域"、"裁剪"和"放大"5个选项。选择"区域"选项时，可使用下拉列表后的"编辑区域"按钮对渲染区域进行编辑操作，单击"自动选定对象区域"按钮，可以将"区域"、"裁剪"和"放大"区域自动设置为当前选择。
- **渲染帧窗口的工具栏：**单击"保存图像"按钮，可打开"保存图像"对话框进行图像保存；单击"复制图像"按钮，将渲染图像可见部分的精确副本放置在Windows剪贴板上，以准备粘贴到绘制程序或位图编辑软件中；单击"克隆渲染帧窗口"按钮，创建另一个包含所显示图像的窗口，可用来与上一个克隆的图像进行观察比较；单击"清除"按钮，清除渲染帧窗口中的图像。

7.2　VRay渲染器的设置

　　VRay渲染器主要以插件的形式应用于3ds Max等软件中，该渲染器操作简单、可控性强，能较好地平衡渲染品质与计算速度之间的关系，提供多种GI方式，既可以选择快速高效的渲染方案，也可以选择高品质的渲染方案。VRay渲染器的渲染设置面板有"公用"、V-Ray、GI、"设置"和Render Elements 5个选项卡，其中"公用"选项卡属于公用参数设置面板，上文已经对其进行详细介绍，下面将为用户介绍VRay渲染器中除却"公用"选项卡外的其他4个参数面板。

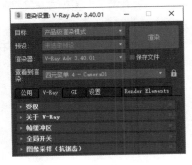

7.2.1 V-Ray选项卡

打开VRay渲染器的"渲染设置"面板，打开"V-Ray"选项卡，在该选项卡中有如下图所示的11个参数卷展栏，其中"全局开关"、"图像采样（抗锯齿）"、"图像过滤"、渐进/渲染块图像采样器、"环境"、"全局确定性蒙特卡洛"和"颜色贴图"7个参数卷展栏较为常用。

1. "全局开关"卷展栏

"全局开关"卷展栏中的参数控制渲染器对场景中灯光、阴影、材质、反射和折射等各方面渲染的全局设置，该卷展栏有3种工作模式，即默认模式、高级模式和专家模式，如下图所示。其中专家模式中的参数最为详细，所有参数都可见，下面根据专家模式来介绍"全局开关"卷展栏。

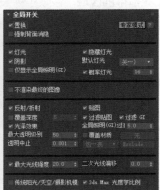

- **置换**：该复选框用于启用或禁用VRay的置换贴图，对标准3ds Max位移贴图没有影响。
- **强制背面消隐**：勾选该复选框，反法线的模型面不可见。
- **灯光**：控制是否开启场景中的灯光照明效果，勾选此复选框后，场景中的灯光将不起作用。
- **隐藏灯光**：控制渲染时是否渲染被隐藏操作的灯光，即控制隐藏的灯光是否产生照明效果。
- **阴影**：控制渲染时场景对象是否产生阴影。
- **默认灯光**：控制场景中默认灯光在何种情况下处于开启或关闭状态，一般保持默认设置即可。
- **仅显示全局照明**：勾选该复选框渲染场景时，其渲染结果只显示全局照明的光照效果。
- **概率灯光**：确定如何在有许多灯的场景中采样灯光。
- **不渲染最终的图像**：勾选此复选框后将不渲染最终图像，常用于渲染光子图。
- **反射/折射**：控制场景中的材质是否开启反射或折射效果。
- **覆盖深度**：勾选此复选框后，用户可以在其后的数值框中输入数值，来自定义场景中对象反射、折射的最大深度。若不勾选此复选框，反射、折射的最大深度为系统所设置的值：5。
- **光泽效果**：控制是否开启反射/折射的模糊效果。
- **贴图**：控制场景中对象的贴图纹理是否能够渲染出来。

- **过滤贴图：** 控制渲染时是否过滤贴图，勾选该复选框时，使用"图像过滤"卷展栏中的设置来过滤贴图；不勾选该复选框时，以原始图像进行渲染。
- **过滤GI：** 控制是否在全局照明中过滤贴图。
- **最大透明级别：** 控制透明材质对象被光线追踪的最大深度，值越高，效果越好，渲染速度也越慢。
- **透明中止：** 控制VRay渲染器对透明材质的追踪中止值，如果光线的累计透明度低于此阈值，则不会进行进一步的跟踪。
- **覆盖材质：** 控制是否为场景赋予一个全局替代材质，勾选该复选框后，单击其后的"无"按钮进行材质设置，该功能在渲染测试灯光照明角度时非常有用。其下的"包含/排除列表"按钮用于设置覆盖材质所应用的对象范围，可以以图层或对象ID号来选择范围。
- **最大光线强度：** 控制最大光线的强度。
- **二次光线偏移：** 控制场景中重叠面对象间渲染时产生黑斑的纠正错误值。
- **3ds Max光度学比例：** 优先采用VRaylight、VRaysun、VRaysky物理相机等VRay渲染器自带的灯光/天空/摄影机，采用光度学比例单位，与"传统阳光/天空/摄影机模式"相对。

2. "图像采样（抗锯齿）" 卷展栏

用VRay渲染器渲染图像，将以指定的分辨率来决定每个像素的颜色从而生成图像，而以像素来表现场景对象表面的材质纹理或灯光效果时，会出现一个像素到下个像素间颜色突然变化的情况，即产生锯齿状边缘，从而使图像效果不理想。

VRay渲染器主要提供两种图像采样器来采样像素的颜色和生成渲染图像，即"块"和"渐进"两种类型，用这两种颜色采样算法来确定每个像素的最佳颜色，避免生成锯齿。图像采样器及其设置的选择，会极大地影响渲染质量和渲染速度间的平衡关系。

- **块：** 根据像素强度的差异，每个像素在一个可变采样值中进行取样。
- **渐进：** 随着时间的推移细化细节逐步完成整个图像的采样。
- **渲染遮罩：** 使用渲染遮罩来确定图像的像素数，只渲染呈现属于当前遮罩内的对象。

"块"和"渐进"两种图像采样类型，对应V-Ray面板中的"渲染块图像采样器"或"渐进图像采样器"卷展栏，这两个卷展栏下文将会介绍。

3. "图像过滤" 卷展栏

图像采样器可以确定像素采样的整体方法，以生成每个像素的颜色，而图像过滤器可以锐化或模糊相邻像素颜色之间的变化，两者常结合使用。勾选"图像过滤器"复选框，则开启图像过滤，并从其后的"过滤器"下拉列表中进行不同过滤器类型的选择。

静帧图像表现时，多采用可以将这些细节更加明显和突出的过滤器；而动画序列的渲染中，多选择一些在播放过程中，可以模糊像素来减少杂色或详细的纹理闪烁的图像过滤器，如Mitchell-Netravali。

4. 渲染块/渐进图像采样器卷展栏

图像采样器卷展栏包括"渲染块图像采样器"和"渐进图像采样器"两种卷展栏，它们与"图像采样（抗锯齿）"卷展栏中的"类型"相对应。

（1）"渲染块图像采样器"卷展栏

● **最小细分**：设置每个像素所取样本的初始（最小）个数，一般都设置为1。

● **最大细分**：设置像素的最大样本数，采样器的实际最大数是这个数的平方值（如4细分产生最大的16个样品）。如果相邻像素的亮度差异足够小，V-Ray渲染器可能达不到采样的最大数量。

● **噪波阈值**：用于确定像素是否需要更多样本的阈值。

（2）"渐进图像采样器"卷展栏

● **最小细分**：控制图像中每个像素将接收的最小样本数，样品的实际数量是细分的平方值。

● **最大细分**：控制图像中每个像素将接收的最大样本数，样品的实际数量是细分的平方值。

● **渲染时间（分）**：设置最大的渲染时间，当达到这个分钟数时，渲染器将停止。

5. "全局确定性蒙特卡洛"卷展栏

确定性蒙特卡洛即DMC的中文全称，故"全局确定性蒙特卡洛"卷展栏也可叫做"全局DMC"卷展栏，用来控制场景中整体的渲染质量和速度，其参数面板如下图所示。

● **最小采样**：设置样本及样本插补中使用最少样本数目，值越大，渲染质量越高，速度也就越慢。

● **自适应数量**：主要是用来设置适应的百分比值。

● **噪波阈值**：设置渲染中所有噪点的极限值，包括灯光细分、反锯齿效果等。值越小，渲染质量越高，而速度也就越慢。

6. "环境"卷展栏

该卷展栏可以为环境背景、反射/折射等指定颜色或贴图纹理。如果不指定颜色或贴图，默认情况下将使用3ds Max"环境和效果"面板中指定的背景颜色和贴图。

7. "颜色贴图"卷展栏

"颜色贴图"卷展栏中的参数主要用来控制整个场景的颜色和曝光方式，设置在用户界面中调整的颜色和最终渲染所呈现的颜色之间的关系，下图所示为专家模式下该卷展栏的参数设置。

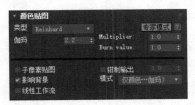

- **类型**：包括Linear multiply（线性倍增）、Exponential（指数）、HSV exponential（HSV指数）、Intensity exponential（强度指数）、Gamma correction（伽马校正）、Intensity gamma（强度伽马）和Reinhard（莱因哈德）等多种曝光模式。
  - **线性倍增**：该曝光模式是基于最终色彩的亮度来进行线性倍增，容易产生曝光效果。
  - **指数**：采用指数模式曝光，可以降低靠近光源处对象表面的曝光情况，产生柔和效果。
  - **莱因哈德**：这种曝光模式是线性倍增和指数曝光模式的混合情况。
- **子像素贴图**：勾选该复选框后，对象的高光区域和非高光区域之间的界限不会有明显的黑边。
- **影响背景**：控制是否让曝光模式影响背景，默认为勾选状态，取消勾选该复选框后背景将不受曝光模式影响。
- **线性工作流**：勾选该复选框后，VRay渲染器将通过调整图像的灰度值来使对象得到线性化显示的工作流程。
- **钳制输出**：勾选该复选框后，VRay渲染器在渲染一些无法表现的颜色时会通过限制来自动校正。

7.2.2 GI选项卡

GI（即间接照明）选项卡的参数用于控制场景的全局照明，在3ds Max中，光线的照明效果分为直接照明（直接照射到物体上的光）和间接照明（照射到物体上反弹的光）。在VRay渲染器中，GI被理解为间接照明。

因"全局照明GI"卷展栏中的"首次引擎"和"二次引擎"下拉列表中都有多个选项，选择不同的选项时GI选项卡中会对应出现数量或顺序不同的卷展栏，下面将着重介绍下图所示的几个卷展栏。

1. "全局照明GI"卷展栏

在对VRay渲染器的渲染设置中，用户应该首先勾选"启用全局照明"复选框，光线计算才能较为准确，从而能够模拟出较为真实的三维效果。

- **启用全局照明**：间接照明是否开启的开关。
- **首次引擎/二次引擎**：选择VRay渲染器计算光线传递的方法。"首次引擎"下拉列表中包括"发光图"、"光子图"、"暴力"和"灯光缓存"选项；"二次引擎"下拉列表中包括"无"、"光子图"、"暴力"和"灯光缓存"选项。
- **倍增**：设置首次反弹或二次反弹光线的倍增值。
- **折射/反射全局照明（GI）焦散**：控制是否开启折射或反射焦散效果。
- **饱和度**：控制色溢情况，降低该值即可降低色溢效果。

- **对比度**：设置色彩的对比度。
- **对比度基数**：控制饱和度和对比度的基数。
- **环境阻光（AO）**：勾选该复选框，可控制渲染效果的AO效果。

2. "发光图"卷展栏

发光图是VRay渲染器模拟光线反弹的一种常用方法，在"首次引擎"下拉列表中。下图是"发光图"卷展栏的默认模式，各参数介绍如下。

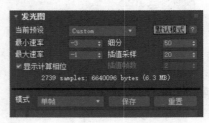

- **当前预设**：设置发光图的预设类型，有"自定义"、"非常低"、"低"、"中"、"中-动画"、"高"、"高-动画"和"非常高"8个选项。
- **最小速率**：控制场景中较平坦区域的光线采样数量。
- **最大速率**：控制场景中复杂细节较多区域的光线采样数量。
- **细分**：该值越高，品质越好，相对的渲染速度也就越慢。
- **插值采样**：该值控制采样的模糊处理情况，值越大越模糊，值越小越税利。

3. "灯光缓存"卷展栏

"灯光缓存"和"发光图"效果相近，都是将最后的光发射到摄影机，从而得到最终图像。

- **细分**：设置灯光缓存的样本数，值越高，效果越好，速度越慢。
- **采样大小**：控制灯光缓存的样本大小，值越小，细节越多。

4. "焦散"卷展栏

"焦散"是一种特殊的物理现象，在VRay渲染器的"焦散"卷展栏中，可以进行焦散效果的设置。

- **焦散**：勾选该复选框后，可渲染焦散效果。
- **搜索距离**：光子追踪撞击周围物体或其他光子的距离。
- **最大光子**：确定单位区域内最大光子数量。
- **最大密度**：控制光子的最大密度。

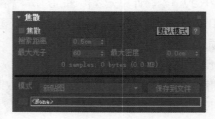

7.3 动画制作

3ds Max是一款功能强大的三维制作软件，动画作为其核心功能之一，拥有一套完善的制作系统。用户可以使用3ds Max实现各种动画效果，几乎所有的场景对象都能进行动画设置。用户既可以为计算机游戏角色或交通工具等设置动画，也可以为电影或广播栏目等制作特殊效果的动画，或是为场景中的某一对象设置必要的运动效果。

7.3.1 关键帧动画

在动画的制作过程中，用户首先需要创建记录每个动画序列起点和终点的关键帧，这些关键帧的值被称为关键点，3ds Max将计算各对关键点之间的插补值，从而生成完整动画。在3ds Max中有"自动关键点"和"设置关键点"两种动画设置模式，其中"设置关键点"模式专为专业角色动画制作人员而设计，故用户在学习制作动画的过程中，不妨从"自动关键点"模式开始。

在3ds Max中创建动画的方法非常简单，即在界面下方单击"自动关键点"按钮，然后移动时间滑块，变换对象随时间更改其位置、旋转或缩放属性，此外几乎所有能够影响对象的形状和外表的参数都可以进行动画的设置。

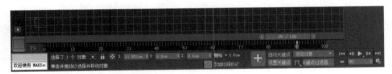

1. 轨迹栏和时间滑块

轨迹栏和时间滑块结合使用，以查看和编辑动画，用户可以在该区域内创建和修改关键帧，时间轴中的帧数可以在"时间配置"对话框中进行设置，此外在轨迹栏中还存在"打开迷你曲线编辑器"按钮。

- **轨迹栏：**轨迹栏提供了显示帧数的时间线，其上的关键点使用颜色编码进行显示，用户可以轻松确定该帧上是否存在关键点和存在哪种关键点，例如位移、旋转和缩放关键点分别用红色、绿色和蓝色显示。在轨迹栏上，用户可以移动、删除或克隆关键点。
- **时间滑块：**用户可以通过拖动时间滑块来访问活动时间段中的任何帧，单击时间滑块左侧或右侧的箭头按钮，可以前移或后移一帧。

2. 动画控件

3ds Max中包含多个动画控件按钮，用于关键帧之间的切换，或是在视口中进行动画的预览播放，这些控件按钮位于界面底部的状态栏和视口导航控件之间。

- **关键点：**包括"自动关键点"和"设置关键点"按钮，用于设置动画制作模式。
- **新关键点的默认内/外切线：**可为新的动画关键点提供快速设置默认切线类型的方法，用户也可以从"关键点信息（基本）"卷展栏和曲线编辑器的"关键点切线"工具栏访问切线类型。
- **转至开头：**可以将时间滑块移动到活动时间段的第一帧上。
- **上一帧/关键点：**可将时间滑块向前移动一帧，而"下一帧/关键点"作用与之相反。
- **播放/停止：**用于在处于活动状态的视口中播放或停止播放动画。
- **转至结尾：**可将时间滑块移动到活动时间段的最后一个帧。
- **当前帧（转到帧）：**用于显示当前帧的编号或时间，指明时间滑块的位置。也可以在此文本框中输入帧编号或时间值来转到该帧。

3. 时间控件

"时间配置"按钮处于"当前帧"按钮的下方，单击该按钮可以打开"时间配置"对话框，用于帧速率、时间显示、播放和动画等的设置。此外，右键单击"自动关键点"按钮右侧的任何动画控制按钮，都可显示此对话框。

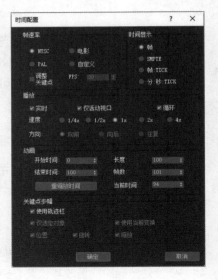

- **"帧速率"选项组**：该选项组中的4个单选按钮，分别用于设置 NTSC、电影、PAL 和自定义4种帧速率模式。
- **"时间显示"选项组**：指定在轨迹栏、时间滑块及整个3ds Max系统中显示时间的方法。
- **"播放"选项组**：用于设置如何配置视口播放，例如反转或来回播放动画、只播放一次动画或在多个视口中播放动画等。
- **"关键点步幅"选项组**：该选项组中的参数可用来配置启用关键点模式时所使用的方法。

7.3.2 轨迹视图

3ds Max中的"轨迹视图"提供两种基于图形的不同编辑器模式，即"曲线编辑器"和"摄影表"模式，用于查看和修改场景中的动画数据。另外，用户可以使用"轨迹视图"来指定动画控制器，以便插补或控制场景中对象的所有关键点和参数。

1. 轨迹视图 - 摄影表

用户可以在菜单栏中执行"图形编辑器>轨迹视图-摄影表"命令，打开"轨迹视图-摄影表"面板。"摄影表"模式可以将动画显示为包含关键点和范围的电子表格，关键点是带颜色的代码，便于辨认。

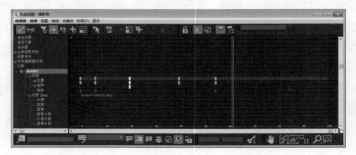

2. 轨迹视图 - 曲线编辑器

"曲线编辑器"是一种将动画显示为功能曲线的轨迹视图模式，可用于处理在图形上表示为函数曲线的运动。单击主工具栏中的"曲线编辑器"按钮，即可将该面板打开。

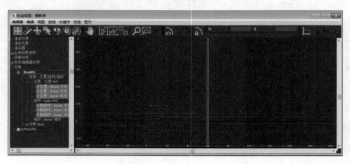

7.3.3 动画约束

动画约束可以将对象与另一个对象建立绑定关系，从而可以对控制对象的位置、旋转或缩放等变换进行一定的约束。约束动画需要为设置动画的对象绑定至少一个目标对象，目标对像对受约束的对象施加特定的动画限制，例如，可以使用路径约束来限制飞机沿着某个作为运动路径的样条线进行运动，从而迅速实现设置飞机沿着预定跑道起飞的动画。

1. 动画约束的常见用法

设置动画的对象可以受多个目标对象的控制，用户可以使用关键帧动画来切换一段时间内与其目标对象的约束绑定关系，还可使用"图解视图"来查看场景中的所有约束关系。约束的常见用法包括以下几点。

- 在一段时间内将一个对象链接到另一个对象上，如用手拾取一个棒球拍。
- 将对象的位置或旋转链接到一个或多个对象。
- 在两个或多个对象之间保持对象的位置。
- 沿着一个路径或在多条路径之间约束对象。
- 将对象约束到曲面。
- 使对象指向另一个对象。
- 保持对象与另一个对象的相对方向。

2. 动画约束的种类

动画约束包括附着约束、链接约束、注视约束、方向约束、路径约束、位置约束和曲面约束多种，用户可以根据要设置动画对象的特点和各种约束方法的用途来设置合适的动画约束。

- **附着约束：** 是一种位置约束，可以将一个对象的位置附着到另一个对象的面上（目标对象不用必须是网格，但必须能够转化为网格）。
- **链接约束：** 可以使对象继承目标对象的位置、旋转角度以及比例信息，如下左图所示，即使用链接约束将球从机器人的一只手传递到另一只手的过程。
- **路径约束：** 可以限制对象的移动，使其沿样条线移动，或在多个样条线之间以平均间距进行移动，如下右图所示为使用路径约束沿着桥的一边决定服务平台的位置。

- **注视约束：** 可以控制对象的方向，使其一直注视另外一个或多个对象，锁定对象的旋转。
- **方向约束：** 可以使某个对象的方向沿着目标对象的方向或若干目标对象的平均方向。
- **位置约束：** 可以根据目标对象的位置或若干对象的加权平均位置对某一对象进行定位。
- **曲面约束：** 可以将对象限制在另一对象的表面上。

知识延伸：角色动画

3ds Max包含两套完整的对各个角色设置动画的独立子系统，即CAT和Character Studio，以及一个独立的群组模拟填充系统。CAT和Character Studio系统均提供可高度自定义的内置、现成角色绑定，可采用Physique或蒙皮修改器对角色绑定应用蒙皮，两套系统均与诸多运动捕捉文件格式兼容，每套系统都具有其独到之处，且功能强大，但两者之间也存在明显区别。

1. CAT

CAT是骨骼动画系统（Character Animation Toolkit）的英文缩写，是3ds Max的角色动画插件，用于角色装备、非线性动画、动画分层、运动捕捉导入和肌肉模拟等方面的设置工作。使用CAT，可以更轻松地装备和制作多腿角色和非类人角色的动画，它也可以很逼真地制作类人角色的动画。CAT中内置装备包括许多多肢生物，例如具有4条腿和一对翅膀的龙、蜘蛛和具有18条腿的蜈蚣等。

2. Character Studio

该系统提供了设置3D角色动画的专业工具，是3ds Max的一个极重要的插入模块。它能够使用户快速而轻松地构建骨骼（也称为角色装备），然后设置其动画，从而创建运动序列的一种环境。用户可以使用动画效果的骨骼来驱动几何的运动，以此创建虚拟的角色，还可以使用代理系统和程序行为设置群组运动的动画。

Character Studio由Biped和Physique两个主要部分组成，Biped是新一代的三维人物及动画模拟系统，用于模拟人物及任何二足动物的动画过程。例如，用户可以用Biped来简单地设计步迹，使人物走上楼梯。Physique是一个统一的骨骼变形系统，用于模拟人物（包括二足动物）运动时复杂肌肉组织变化的方法，来再现逼真的肌肉运动。

 上机实训：使用VRay渲染器制作焦散效果

焦散常用来模拟钻石、水晶、玛瑙、玻璃或水波纹的光影效果，是高级渲染器的一个重要特性，也是衡量渲染器是否高端的重要指标。本案例将介绍VRay渲染器制作焦散效果的操作方法，具体步骤如下。

步骤01 打开随书配套光盘中的"使用VRay渲染器制作焦散效果.max"文件，打开渲染帧窗口测试渲染摄影机视图，会发现一片漆黑，如下图所示。

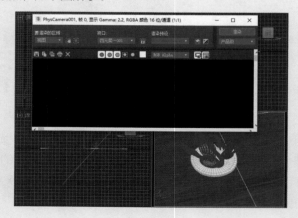

步骤 02 单击主工具栏中的"渲染设置"按钮，打开VRay"渲染设置"面板，单击V-Ray选项卡，展开"环境"卷展栏，勾选"全局照明（GI）环境覆盖"复选框，如下图所示。

步骤 03 单击渲染帧窗口中的"渲染"按钮，对场景进行再次渲染测试，此时场景中已经有照明效果，如下左图所示。

步骤 04 接着在"环境"卷展栏中勾选"反射/折射环境"和"折射环境"复选框，在"折射环境"贴图通道上添加"渐变"贴图，如下右图所示。

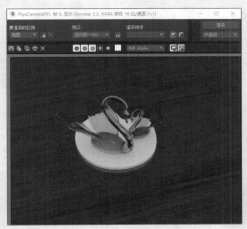

步骤 05 在"折射环境"贴图通道上添加"渐变"贴图，将其"实例"复制到"材质编辑器"中的材质球上，修改渐变参数，如下左图所示。

步骤 06 单击渲染帧窗口中的"渲染"按钮，对场景进行再次渲染测试，此时场景中添加反射、折射环境，效果如下右图所示。

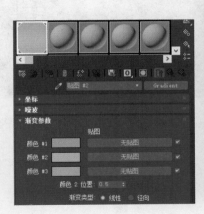
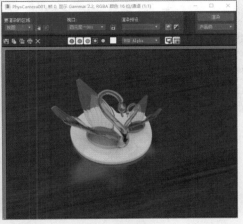

步骤 07 创建"标准"灯光中的"目标聚光灯"来实现主体照明，该灯光在场景中的位置如下左图所示。

步骤 08 进入该灯光的"修改"面板，展开"常规参数"和"强度/颜色/衰减"卷展栏，按下右图中的参数进行设置。

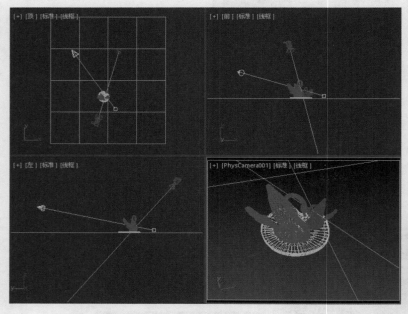

步骤 09 单击渲染帧窗口中的"渲染"按钮，对场景进行渲染测试，此时场景中已出现照明阴影效果，如下左图所示。

步骤 10 在对象"模型01"上单击鼠标右键，在快捷菜单中选择V-Ray properties选项，如下右图所示。

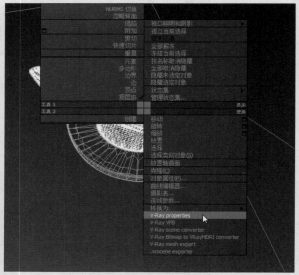

步骤 11 在打开的"V-Ray对象属性"对话框中，确认"模型01"和"模型02"的"生成焦散"和"接受焦散"复选框都已勾选，如下左图所示。

步骤 12 在VRay"渲染设置"面板中单击"GI"选项卡，展开"焦散"卷展栏，勾选"焦散"复选框，并对场景进行测试，如下右图所示。

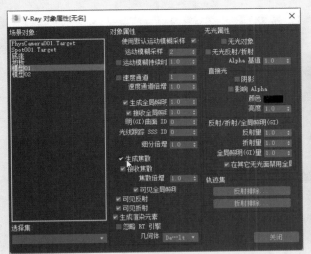

步骤 13 测试发现场景对象并没有产生焦散效果，因需设置焦散强度，在灯光对象上右键单击V-Ray properties选项，按下图设置其焦散参数。

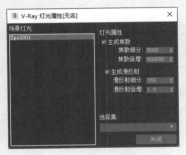

步骤 14 单击渲染帧窗口中的"渲染"按钮，对场景进行渲染测试，此时场景中已出现焦散效果，如下图所示。

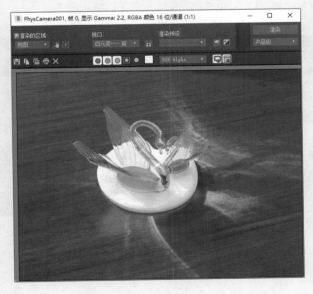

课后练习

1. 选择题

（1）如果需要快速打开"渲染设置"面板，用户可以按下（　　）键。

　　A. F9　　　　　　　　B. F10　　　　　　　　C. F5　　　　　　　　D. 8

（2）用户无论选择何种渲染器，下面（　　）选项卡中的参数应用于任何所选渲染器。

　　A. 高级照明　　　　B. 公用　　　　　　C. 设置　　　　　D. 光线跟踪

（3）渲染输出图像尺寸时，可以在渲染设置"公用"选项卡中（　　）选项区域内进行设置。

　　A. 时间输出　　　　B. 输出大小　　　　C. 高级照明　　　D. 渲染输出

（4）使用VRay渲染器进行场景渲染时，大部分的参数在（　　）面板进行设置。

　　A. GI面板　　　　　B. 设置面板　　　　C. V-Ray面板　　　D. 设置面板

（5）在VRay渲染设置面板中，"发光图"参数卷展栏存在于（　　）面板。

　　A. 公用　　　　　　B. 设置面板　　　　C. V-Ray面板　　　D. GI面板环

2. 填空题

（1）在3ds Max中，单击主工具栏中的＿＿＿＿＿按钮，即可打开渲染帧窗口。

（2）3ds Max系统默认的渲染器是＿＿＿＿＿。

（3）在渲染设置"公用"选项卡的＿＿＿＿＿卷展栏中，可以进行不同渲染器的指定操作。

（4）在VRay渲染设置面板中，"图像过滤"卷展栏在＿＿＿＿＿选项卡下。

（5）在VRay渲染设置的GI面板中，"首次引擎"的类型有＿＿＿＿＿、＿＿＿＿＿、＿＿＿＿＿、＿＿＿＿＿4种。

3. 上机题

利用随书光盘中"为场景添加体积光和镜头效果.max"文件，利用VRay渲染器，尝试进行测试草图和最终成图的设置操作，如下图所示。

Part 02

综合案例篇

综合案例篇共包含4章内容，分别对3ds Max 2017的应用热点逐一进行理论分析和案例精讲，在巩固前面所学基础知识的同时，使读者将所学知识应用到日常的工作学习中，真正做到了学以致用。

Chapter 08 电风扇模型的制作

本章概述

本章介绍使用3ds Max制作电风扇模型的方法。在制作过程中，需要运用"挤出"、"倒角剖面"、"对称"、"晶格"等修改器对模型进行快速创建。综合使用复合对象、可编辑对象等建模方法创建并修改编辑模型。

核心知识点

① 合理分析模型组成
② 掌握样条线的创建和编辑
③ 掌握常用修改器的使用方法
④ 掌握复合对象的创建
⑤ 掌握多边形建模法

8.1 扇头部分的制作

在制作扇头部分的过程中，用户需利用"挤出"、"扭曲"、"车削"、"壳"和"对称"等多种修改器，以及"油罐"扩展几何体、"图形合并"复合对象，并结合可编辑对象进行模型创建工作。

步骤 01 打开3ds Max应用程序，在菜单栏中执行"自定义>单位设置"命令，如下左图所示。

步骤 02 打开"单位设置"对话框，设置"公制"的单位为"厘米"，单击"系统单位设置"按钮，在打开的对话框中设置单位为"毫米"，最后依次单击"确定"按钮，如下右图所示。

步骤 03 在主工具栏中右击捕捉开关，在"捕捉"选项卡中按下左图所示进行设置。

步骤 04 切换至"选项"选项卡，勾选"启用轴约束"复选框，设置"角度"值为120，如下右图所示。

步骤 05 在前视图中，单击"创建"面板中"图形"按钮，使用线工具，画出下左图所示的线。然后将所有顶点设为"平滑点"来调整线的形状，效果如下左图所示。

步骤 06 在"修改"面板中，为样条线添加"挤出"修改器，在"参数"卷展栏中将挤出的"数量"值设置为0.25，如下右图所示。

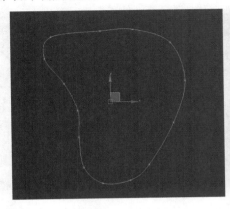
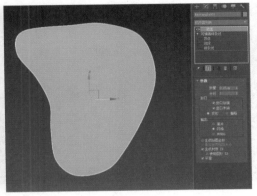

步骤 07 在"挤出"修改器上添加"扭曲"修改器，在"参数"卷展栏中设置扭曲的角度值为15，扭曲轴为Y轴，如下左图所示。

步骤 08 在命令面板中打开"层次"面板，单击"仅影响轴"按钮，将对象轴点移动到下右图所示位置，再次单击"仅影响轴"按钮退出轴点编辑，效果如下右图所示。

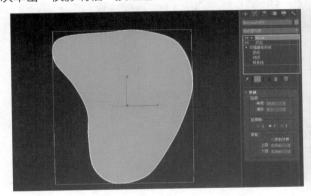
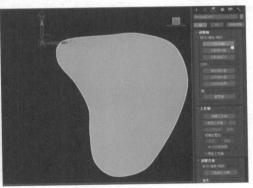

步骤 09 按下E键激活旋转工具，再按下A键启用角度捕捉工具，在前视图中按住Shift键的同时变换所选对象，在弹出的"克隆选项"对话框中将"副本数"设置为2，如下左图所示。

步骤 10 在顶视图中，使用线工具画出下右图所示的样条线。在"顶点"子对象层级下，选中所有顶点并右击，在"工具1"象限中执行"角点"命令，即可将选中的顶点转换为角点。

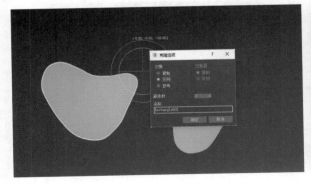
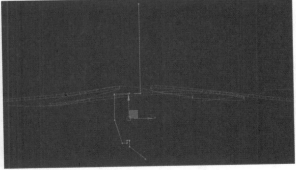

步骤 11 打开"层次"面板，单击"仅影响轴"按钮，将对象轴点移动到下左图所示位置，再次单击"仅影响轴"按钮退出轴点编辑。

步骤 12 切换至"修改"面板，为样条线添加"车削"修改器，在"参数"卷展栏中，将车削的"方向"设为Y轴，"对齐"方式设为"中心"，如下右图所示。

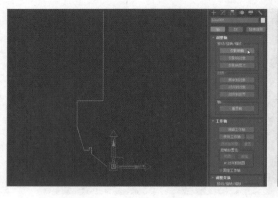 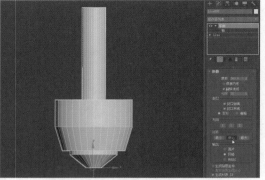

步骤 13 将车削出的对象转换为可编辑多边形，进入"边界"子对象层级，选择下左图所示的边界，在"编辑边界"卷展栏中单击"封口"按钮，随即退出子层级完成编辑操作。

步骤 14 在"创建"面板中单击"几何体"按钮，在"对象类型"区域中单击"油罐"按钮，在视口中创建出下右图所示的"油罐"对象。

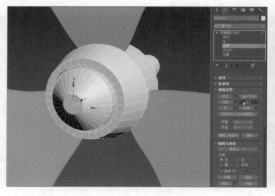 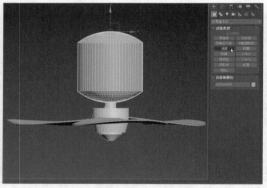

步骤 15 将"油罐"对象转换为可编辑多边形，进入"多边形"子对象层级，选中下左图所示的多个多边形，按Delete键将其删除。

步骤 16 进入"边界"子对象层级，选择边界，在"编辑边界"卷展栏中单击"封口"按钮，接着退出子层级完成编辑，如下右图所示。

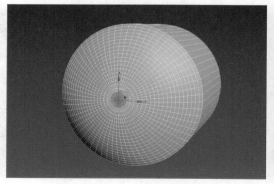 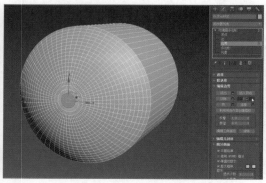

步骤 17 在前视图中，单击"创建"面板中"图形"按钮，使用椭圆工具，画出下左图所示的椭圆形。

步骤 18 右击主工具栏中的任意捕捉开关，打开"栅格和捕捉设置"面板，切换至"选项"选项卡，将"角度"值设置为60，如下右图所示。

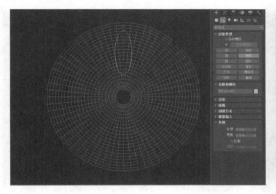 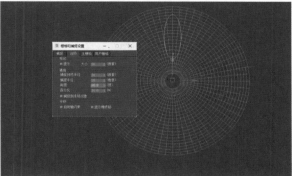

步骤 19 按下E键激活旋转工具，按A键启用角度捕捉工具，在前视图中按住Shift键的同时变换所选对象，在弹出的"克隆选项"对话框中将"副本数"设置为5，如下左图所示。

步骤 20 孤立出所有椭圆形，选择任一椭圆形，将其转换为可编辑样条线，打开"修改"面板，在"几何体"卷展栏中单击"附加多个"按钮，附加所有椭圆形并退出孤立模式，如下右图所示。

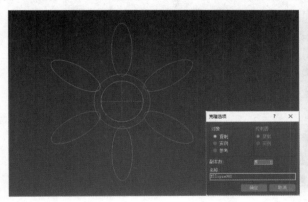 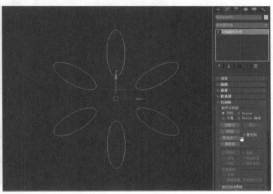

步骤 21 选择下左图中的两个对象，在"层次"面板中单击"仅影响轴"按钮，然后单击"居中到对象"按钮，再次单击"仅影响轴"按钮退出编辑。

步骤 22 选择其中一个对象，在主工具栏中单击"对齐"按钮，在视口中对齐另一对象，在弹出的对话框中设置相关参数，如下右图所示。

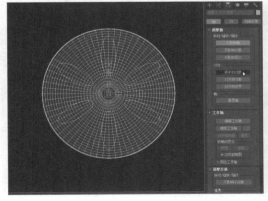 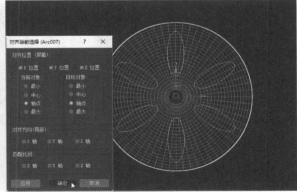

步骤23 按下T键，将视口切换至顶视图，在Y轴向上调整两者位置，选择油罐对象，在"创建"面板中选择"复合对象"选项，如下左图所示。

步骤24 单击"图形合并"按钮，接着单击"拾取图形"按钮，在视口中拾取样条线对象，如下右图所示。

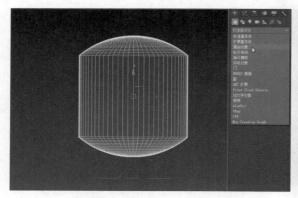 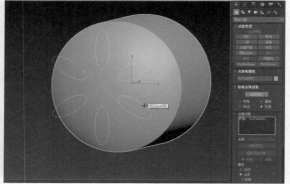

步骤25 将图形合并对象转换为可编辑多边形，进入"多边形"子对象层级，删除多余的多边形，如下左图所示。

步骤26 为对象添加"对称"修改器，在"参数"卷展栏中设置"镜像轴"为Z轴，如下右图所示。

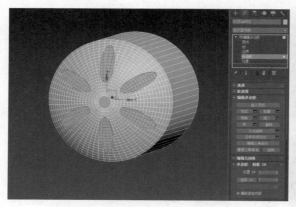 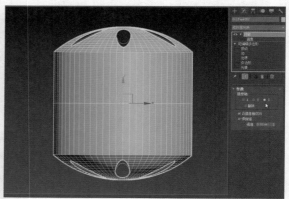

步骤27 将所选对象转换为可编辑多边形，进入"边"子对象层级，框选多个边，展开"编辑边"卷展栏，按住Ctrl键的同时单击"移除"按钮，如下左图所示。

步骤28 为图中所选对象添加"壳"修改器，在"壳"修改器的"参数"卷展栏中将"内部量"设置为0.25cm，"外部量"为0，如下右图所示。

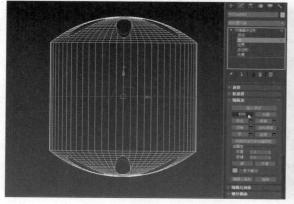 

8.2 立柱部分的制作

在立柱部分模型的制作过程中，用户需掌握如何从三维对象上提取图形，"倒角剖面"修改器使用的小技巧，并对可编辑多边形的知识进行巩固。

步骤 01 选择下左图的对象，将其转换为可编辑多边形对象，在"边"子对象下选择图中任意一条边，展开"选择"卷展栏，单击"循环"按钮，将环绕一周的边选中。

步骤 02 右击选中的边，在弹出的快捷菜单中选择"创建图形"命令，如下右图所示。

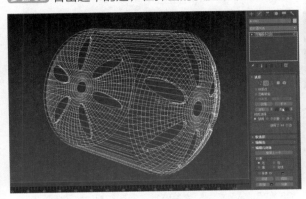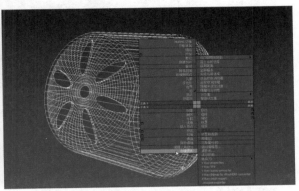

步骤 03 在弹出的"创建图形"对话框中，将"图形类型"设置为"线性"，单击"确定"按钮完成图形的创建，如下左图所示。

步骤 04 使用矩形工具在前视图中创建矩形，将其转换为可编辑样条线，附加从油罐中提取的图形，在"样条线"层级下删除矩形，退出编辑状态，如下右图所示。

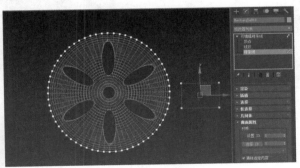

步骤 05 切换至顶视图，将执行附加操作后得到的样条线移动到Y轴上相应的位置，接着使用线工具创建出下左图所示的样条线，在图中所选点上右击，执行"设为首顶点"命令。

步骤 06 选择执行附加操作后得到的样条线，在"修改"面板中为其添加"倒角剖面"修改器，在"经典"模式下，单击"拾取剖面"按钮，拾取所画的剖面图形，如下右图所示。

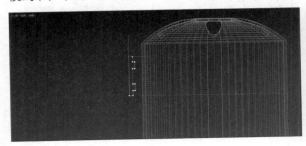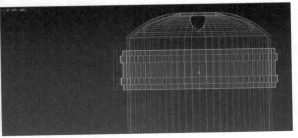

步骤 07 单击"创建"面板中"图形"按钮，使用椭圆工具创建出下左图所示的椭圆形。

步骤 08 在"修改"面板中，为椭圆形添加"挤出"修改器，挤出一定的数量，接着将其转换为可编辑多边形，在"顶点"层级下，按下右图所示将对应的顶点连接起来。

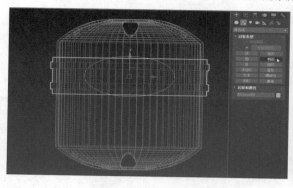
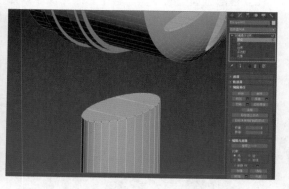

步骤 09 切换至"多边形"子层级，选择下左图所示的多边形，在"编辑多边形"卷展栏中，使用挤出工具，执行挤出操作。

步骤 10 选择下右图所示的多边形，在"编辑几何体"卷展栏中，单击"分离"按钮，在弹出的"分离"对话框中保持默认设置，单击"确定"按钮。

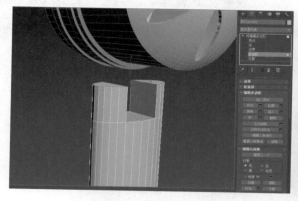
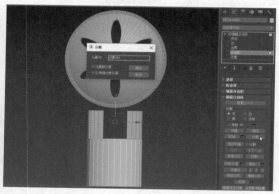

步骤 11 退出子对象编辑，选择分离出的多边形，将其轴点归中，在纵向维度上细化多边形，并为其添加"FFD（长方形）8x8x8"修改器，按下左图所示调节"控制点"的位置。

步骤 12 选择下右图所示对象，将其转换为可编辑多边形，在"多边形"子层级中展开"编辑多边形"卷展栏，执行"挤出"操作并查看效果。

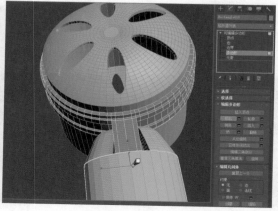

步骤13 按下F键切换至前视图，使用线工具创建出下左图所示的样条线，并在"修改"面板中为其添加"车削"修改器，调节相应的参数。

步骤14 使用"球体"、"切角圆柱体"、"线"等工具为模型添加相应的细节，效果如下右图所示。

 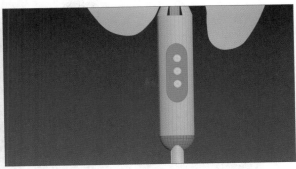

8.3 网罩部分的制作

在网罩模型的制作过程中，用户可以使用选择并均匀缩放工具等变换工具调节可编辑多边形的子对象层级，并利用"晶格"修改器快速制作相应的效果。

步骤01 在前视图中使用球体工具创建下左图所示大小的球体，并调整球体的位置。

步骤02 选择图中的两个对象，按下Alt+Q组合键执行孤立操作，选择球体模型，在工具栏中单击"对齐"按钮，在视口中单击另一对象执行对齐操作，如下右图所示。

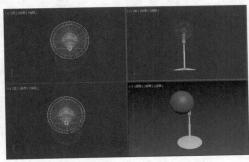 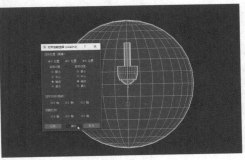

步骤03 将球体模型转换为可编辑多边形，进入"多边形"子对象层级，删除多余的多边形，如下左图所示。

步骤04 切换至"边"子对象层级，框选下右图所示的多边，在"编辑边"卷展栏中按住Ctrl键的同时单击"移除"按钮，移除多边。

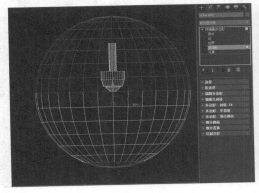 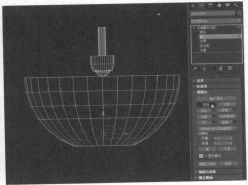

步骤05 在"顶点"层级下，使用"选择并移动"、"选择并均匀缩放"工具调节顶点的位置，如下左图所示。

步骤06 在"修改"面板中为半球模型添加"晶格"修改器，设置"支柱"和"节点"选项区域中的参数，效果如下右图所示。

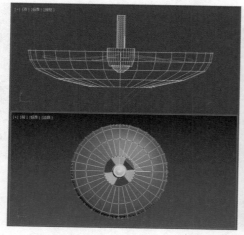
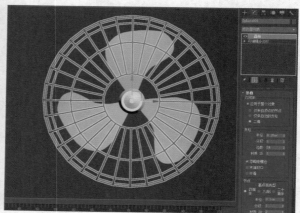

步骤07 镜像复制网罩模型，并使用变换工具调整顶点位置，如下左图所示。

步骤08 使用球体工具创建球体模型，效果如下右图所示。

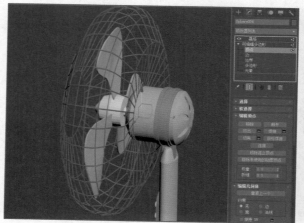

步骤09 在顶视图中使用选择并均匀缩放工具，在Y轴上对球体模型进行挤压操作，效果如下左图所示。

步骤10 使用对齐、移动工具将挤压后的球体模型放置到合适位置，最终效果如下右图所示。

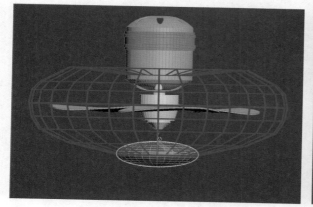
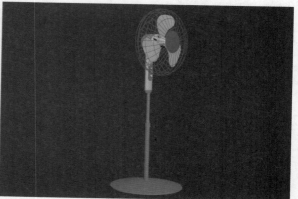

Chapter 09 家装卧室的表现

本章概述

本章将使用3ds Max完成家装中卧室场景的创建和表现。在学习过程中，用户需要对卧室布局有一定了解，使用多种灯光表现室内照明效果，并能根据现实生活中的观察体验，制作出合乎情理的材质纹理。

核心知识点

❶ 掌握卧室墙体框架的创建
❷ 掌握摄影机的创建
❸ 掌握多种材质类型的使用
❹ 掌握灯光的布局
❺ 掌握渲染参数的设置

9.1 模型和摄影机的创建

在家装表现中，用户可以借助外部文件（CAD户型图）来确定户型关系，尤其是在房屋户型较为复杂时，使用3ds Max导入一些其他程序软件文件，可以更方便准确地创建所需的模型。

1. 卧室墙体框架的创建

用户在导入CAD图纸前，通常需要设置系统单位，方便与外部素材匹配单位，预防错误的发生。

步骤01 打开3ds Max应用程序，在菜单栏中执行"自定义>单位设置"命令，打开"单击设置"对话框，设置"公制"的单位为"厘米"，单击"系统单位设置"按钮，在打开的对话框中将系统单位设置为"毫米"，如下左图所示。

步骤02 单击"应用程序"按钮，执行"导入>导入"命令，如下右图所示。

步骤03 在打开的对话框中，确认"文件类型"为"所有文件"，选择并导入"卧室CAD.dwg"文件，如下左图所示。

步骤04 在打开的导入选项对话框中，保持默认设置，单击"确定"按钮即可，如下右图所示。

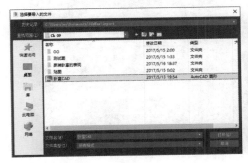

步骤 05 按下Ctrl+A组合键，选中所有导入的CAD图纸对象，在菜单栏中执行"组>组"命令，在弹出的"组"对话框中为组命名后，单击"确定"按钮，如下左图所示。

步骤 06 使用选择并移动工具，在界面下方的状态栏中右击X、Y和Z数值框右侧的微调按钮，将图纸位置信息归零，如下右图所示。

 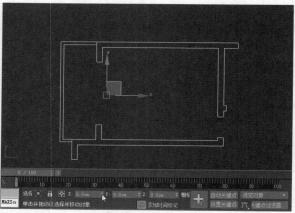

步骤 07 在组对象上右击，执行"冻结当前选择"命令，如下左图所示。

步骤 08 在主工具栏中右击"捕捉开关"按钮，在打开的面板中切换至"选项"选项卡，勾选"捕捉到冻结对象"和"启用轴约束"复选框，如下右图所示。

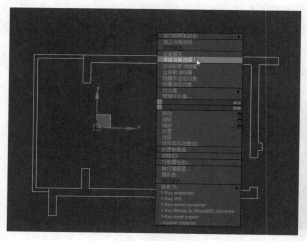 

步骤 09 单击"创建"面板中的"图形"按钮后，单击"线"工具按钮，如下左图所示。

步骤 10 按下右图所示，画出一条样条线，在弹出的对话框中单击"是"按钮。

 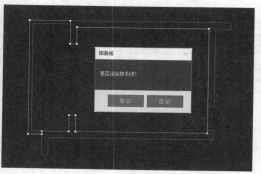

步骤11 在"修改"面板中，为所画的线添加"挤出"修改器，将挤出的"数量"值设置为280cm，如下左图所示。

步骤12 将挤出的对象转换为可编辑多边形，在"多边形"子对象层级下删除一个面，选中所有剩余的面并右击，执行"翻转法线"命令，如下右图所示。

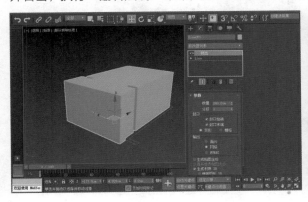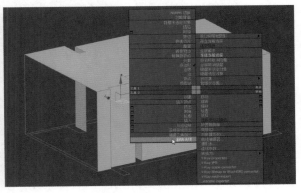

2. 卧室的简单装修

通过上述操作可以得到卧室四周的墙体，下面介绍为卧室创建门窗、踢脚线、吊顶和背景墙模型的操作方法。

步骤01 单击"应用程序"按钮，执行"导入>合并"命令，打开"合并文件"对话框，选择"截面图形.max"文件，单击"打开"按钮，如下左图所示。

步骤02 在打开的对话框中，选择所有的截面图形，单击"确定"按钮完成图形的合并，如下右图所示。

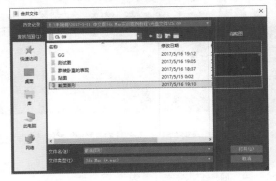

步骤03 单击"创建"面板中的"图形"按钮，单击"线"工具按钮，画出如下左图所示的样条线。

步骤04 在"修改"面板中，为所画的样条线添加"倒角剖面"修改器，使用"经典"模式，单击"拾取剖面"按钮，在视口中拾取相应截面，如下右图所示。

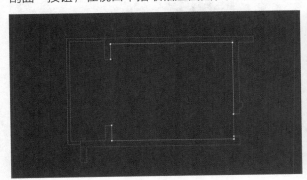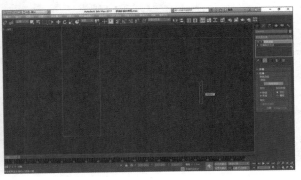

步骤 05 为对象执行"倒角剖面"后的结果，如下左图所示。

步骤 06 使用"创建"面板中的矩形工具，按S键打开捕捉开关，捕捉创建出下右图所示的矩形，并将其转换为可编辑样条线，在"顶点"层级下选择所有顶点并右击，选择"角点"命令。

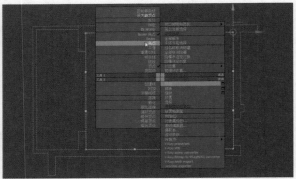

步骤 07 切换至"样条线"子层级，选择样条线，在"几何体"卷展栏中使用轮廓工具进行操作，如下左图所示。

步骤 08 退出子对象层级，切换至前视图，在界面下方的状态栏中将对象在Y轴上绝对移动245cm，如下右图所示。

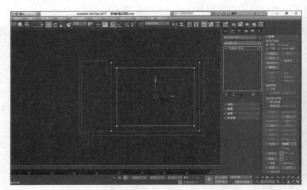
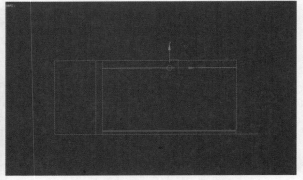

步骤 09 在"修改"面板中，为样条线对象添加"挤出"修改器，设置挤出的"数量"值为35cm，如下左图所示。

步骤 10 使用创建面板中的矩形工具，在顶视图中画出与挤出对象内界面等大的矩形，并将其移动到下右图中所示位置。

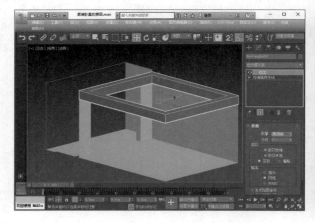
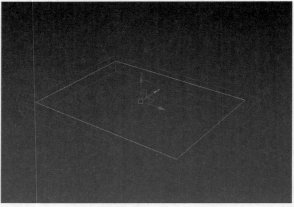

步骤11 选择画出的矩形图形，为其添加一个"倒角剖面"修改器，在"经典"模式下拾取"吊顶"截面，此时"倒角剖面"的结果出现差错，如下左图所示。

步骤12 要解决上述问题，需对截面图形进行下述操作，首先选择"吊顶"截面图形，进入"顶点"子层级，选择如下右图所示的顶点并右击，执行"设为首顶点"命令。

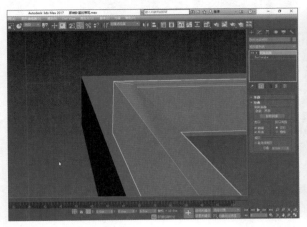 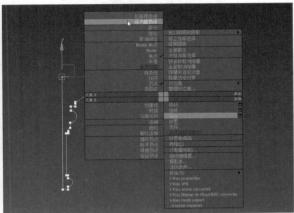

步骤13 观察视口中的模型，此时错误已经解决，如下左图所示。

步骤14 使用矩形工具，画出下右图所示的栏杆对象。

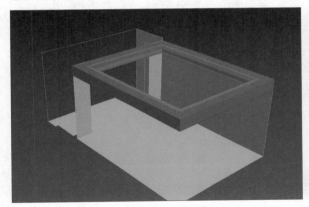 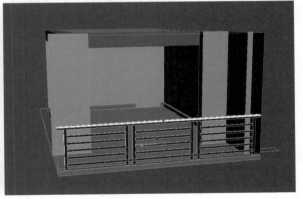

步骤15 在左视图中画出一个矩形，长宽值分别为240和90cm，按下左图所示放置其位置。

步骤16 在"修改"面板中，为所画矩形添加"扫描"修改器，如下右图所示。

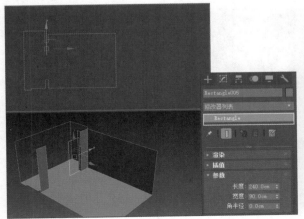 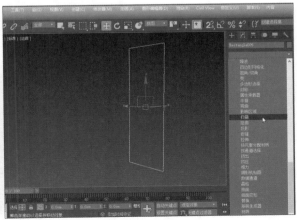

步骤17 在"截面类型"卷展栏中设置"内置截面"为"条",并在"参数"卷展栏中按下中图所示设置长、宽、角半径和轴对齐的参数。

步骤18 复制"扫描"得到的推拉门框对象,效果如下右图所示。

  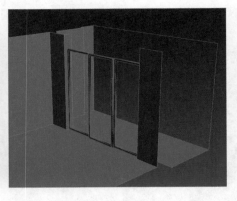

步骤19 在前视图画出下左图所示的多个矩形,并将其转换为可编辑样条线,使用捕捉和轴约束工具调整顶点位置。

步骤20 选择如下右图所示的矩形,在"修改"面板的"修改器列表"中为其添加"倒角剖面"修改器。

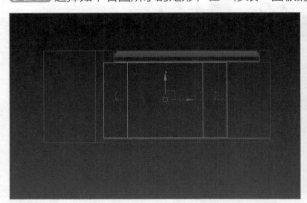 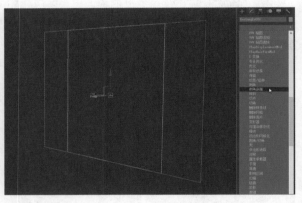

步骤21 在"修改"面板中,单击"经典"卷展栏中的"拾取剖面"按钮,在视口中拾取"背景墙02"图形对象,如下左图所示。

步骤22 为另外两个矩形执行相似操作,拾取剖面"背景墙01"图形对象,然后按下右图画出相应的矩形,并将其放置在合适的位置。

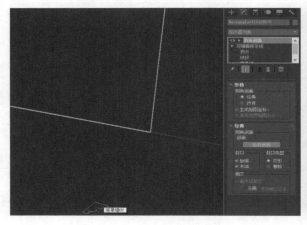 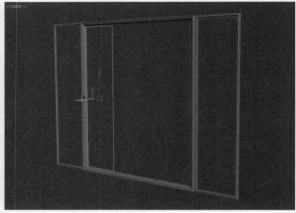

步骤 23 选择创建的矩形，在"修改"面板中为其添加"倒角剖面"修改器，选择"改进"模式，在"改进"卷展栏中按下左图所示进行参数设置。

步骤 24 将倒角剖面得到的对象按下右图所示的位置进行复制、移动操作。

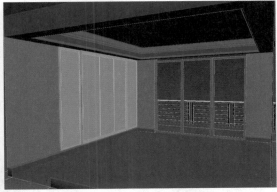

3. 模型合并和摄影机创建

卧室中的大致模型创建完成后，对于一些家具模型，用户可以自行创建或在网络上进行下载使用。

步骤 01 单击"应用程序"按钮，执行"导入>合并"命令，如下左图所示。

步骤 02 在打开的对话框中选择"床.max"文件，单击"打开"按钮，执行进一步操作，如下右图所示。

步骤 03 在打开的合并对象对话框中将全部对象合并到场景中，并按下左图所示的位置进行调整。

步骤 04 在"创建"面板中单击"摄影机"按钮，使用"标准"类型中的"目标"摄影机，在视图中创建一个摄影机对象，并按下右图所示进行调整。

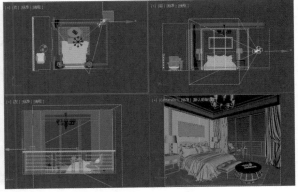

9.2 材质设计

室内材质参数设置要求相比室外材质参数设置更严格，参数设置也更细致，这样才能更加真实有效地模拟出所需的材质质感。

1. 主墙体材质

在一些室内表现中，主墙体的材质往往会占据较大的画面比例，如墙面、地板材质等。

步骤 01 按M键，打开"材质编辑器"面板，选择一个空白材质球，为其命名为"木地板"，在"漫反射"通道上添加一个位图纹理贴图，在"反射"通道上添加"衰减"贴图，如下左图所示。

步骤 02 分离出地面对象，为其赋予设置好的"木地板"材质，并在"修改"面板中添加"UVW贴图"修改器，调节修改器相应参数，如下右图所示。

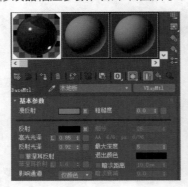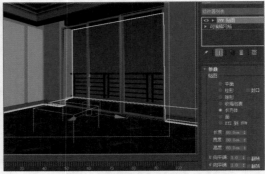

步骤 03 选择一个空白的材质球，单击材质类型切换按钮，为其设置如下左图所示材质，在弹出的对话框中，保持默认设置并单击"确定"按钮。

步骤 04 将"基本材质"设置为VrayMtl，并命名为"墙体"，如下右图所示。

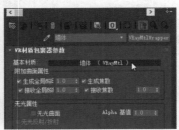

步骤 05 进入"基本材质"参数设置面板，按下左图所示设置相应参数。

步骤 06 将设置好的"墙体"材质指定给墙体、天花板等对象，如下右图所示。

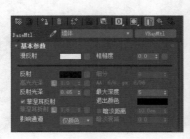

2. 背景墙、皮革和床单材质

下面介绍使用混合贴图制作背景墙材质，在凹凸通道上添加贴图制作皮革材质，以及在反射通道上添加黑白贴图制作花纹床单材质的操作方法，步骤如下。

步骤 01 单击一个空白材质球的"漫反射"贴图通道按钮，添加"混合"贴图，如下左图所示。

步骤 02 按下右图所示的颜色、贴图来设置混合贴图中颜色#1、颜色#2和混合量的参数。

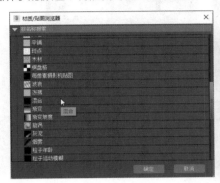

步骤 03 返回父对象层级，为材质命名，并在"反射"参数选项组中设置反射颜色的亮度值为10，如下左图所示。

步骤 04 将背景墙材质指定给下右图所示的对象，并为它们添加"UVW贴图"修改器，调节相应的参数。

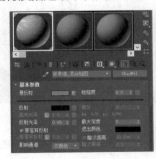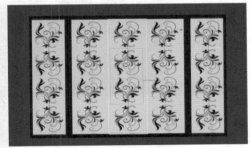

步骤 05 选择一个空白材质球并将其命名为"皮革材质"，单击"反射"参数后的颜色按钮，打开"颜色选择器"对话框，设置其"亮度"值为55，其余参数按下左图进行设置。

步骤 06 展开"皮革材质"的"贴图"卷展栏，在"凹凸"通道上添加一个"皮革凹凸.jpg"贴图文件，并将"凹凸"强度值设置为8，如下右图所示。

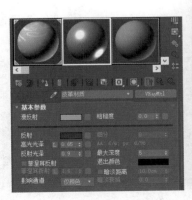

步骤 07 进入"凹凸"贴图通道中，在"坐标"卷展栏中设置"瓷砖"的U、V向的值，如下左图所示。

步骤08 选择一个空白材质球并命名为"床单材质",单击"反射"后的贴图按钮,添加一张黑白贴图,其余参数按下右图进行设置。

步骤09 因室内家具模型较多,其材质不再一一赘述,用户可以在"材质/贴图浏览器"中,单击左上角的下拉按钮,在打开的对话框中浏览选择随书配套光盘中的相应材质库,进行其他材质的指定工作。

步骤10 为所有对象都指定好材质后,摄影机视图效果如下右图所示,按下Ctrl+S组合键,对场景执行保存操作。

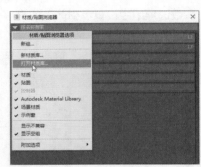 

9.3 灯光布置

　　下面将介绍利用光度学中的目标灯光创建射灯、筒灯等灯光效果,以及利用VRayLight进行主体灯光照明和吊灯设置的方法,具体步骤如下。

步骤01 在"创建"面板中,设置灯光类型为"光度学",使用"目标灯光"在前视图中创建灯光,如下左图所示。

步骤02 在"修改"面板中,勾选"阴影"区域内的"启用"复选框,并将阴影贴图设置为VrayShadow,将灯光分布类型设为"光度学Web",并指定光度学Web文件,如下右图所示。

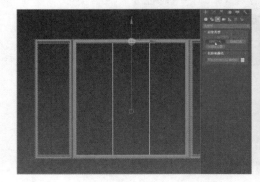 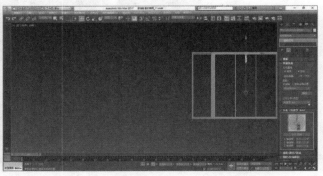

步骤 03 在顶视图中实例复制创建出光度学射灯，位置按下左图进行调整，在灯光调整中注意防止灯光对象嵌入在其他模型中，导致灯光不起作用。

步骤 04 将灯光类型设置为VRay，单击VRayLight按钮，创建如下右图所示的平面灯光。

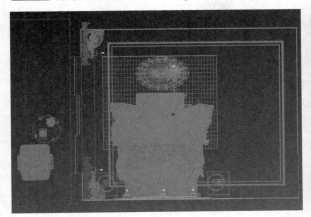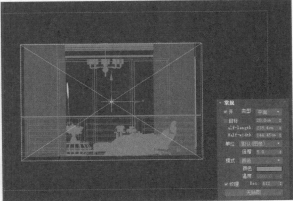

步骤 05 再次创建VRayLight灯光，将灯光类型设置为"球体"，其余参数按下左图所示进行设置，将设置好的灯光进行实例复制。

步骤 06 在茶几上方使用VRayLight创建一个平面类型的灯光，如下右图所示。

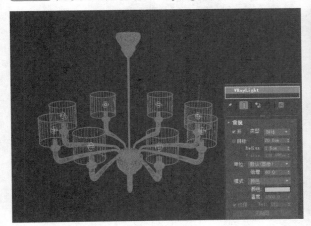

步骤 07 选择该灯光，在"修改"面板中对"常规"和"选项"卷展栏参数进行设置，如下左、下中图所示。

步骤 08 灯光布置的最终效果如下右图所示。

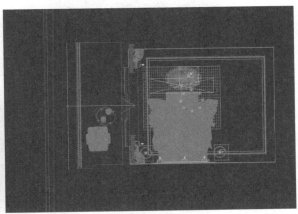

9.4 渲染设置

为了得到满意的家装卧室表现效果，常常需要用户对场景中的灯光、材质进行反复的渲染测试，以达到较为理想的效果，测试时用户可以采用较低参数值进行渲染，而最终输出时应使用较高的参数值进行渲染。

9.4.1 测试渲染参数的设置

为了减少渲染时间，用户在使用3ds Max进行创作的过程中，往往都需要设置一系列的测试参数，快速对场景进行渲染测试。

步骤01 在"创建"面板中，利用矩形工具在下左图所示的位置创建对象。

步骤02 在矩形对象上右击，选择"对象属性"命令，打开"对象属性"对话框，按下右图所示设置相应的参数。

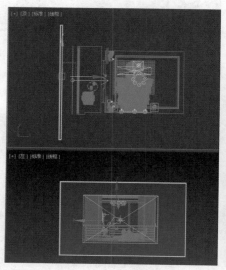
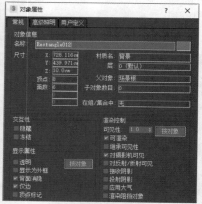

步骤03 按F10键，打开"渲染设置"面板，单击V-Ray选项卡，设置"图像采样（抗锯齿）"和"图像过滤"卷展栏中的参数，如下左图所示。

步骤04 展开"渲染块图像采样器"和"全局确定性蒙特卡洛"卷展栏，按下右图所示进行参数设置。

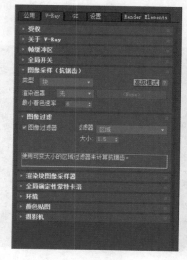
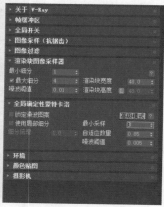

步骤 05 继续在V-Ray选项卡中，展开"颜色贴图"卷展栏，勾选相应的复选框，如下左图所示。

步骤 06 单击GI选项卡，在"全局照明GI"参数卷展栏中，将"首次引擎"和"二次引擎"分别设置为"发光图"和"灯光缓存"，如下右图所示。

步骤 07 展开"发光图"卷展栏，将"当前预设"设置为非常低，"细分"和"插值采样"值分别设置为20、10，勾选"显示直接光"复选框，如下左图所示。

步骤 08 展开"灯光缓存"卷展栏，将"细分"参数的值设置为200，如下右图所示。

9.4.2　最终渲染参数的设置

一系列设计工作完成后，用户需要将渲染出的图像进行相应的输出，在渲染输出前，应提高"渲染设置"面板中的参数值，以获得更好的图像效果。

步骤 01 按F10键，打开"渲染设置"面板，在"公用"选项卡中，展开"公用参数"卷展栏，设置"输出大小"的参数值，如下左图所示。

步骤 02 在"渲染输出"选项组中单击"文件"按钮，设置图像的保存位置、类型和名称等参数，如下右图所示。

 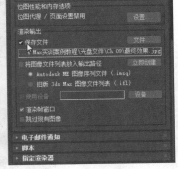

步骤 03 单击V-Ray选项卡，设置"图像采样（抗锯齿）"和"图像过滤"卷展栏中的相关参数，如下左图所示。

步骤 04 在V-Ray选项卡中，展开"渐进图像采样器"和"全局确定性蒙特卡洛"参数卷展栏，分别设置"最大细分"和"最小采样"的值，如下右图所示。

步骤 05 展开"颜色贴图"卷展栏，根据实际情况灵活设置"类型"选项等参数，勾选"子像素贴图"和"钳制输出"复选框，如下左图所示。

步骤 06 在GI选项卡中展开"发光图"卷展栏，将"当前预设"类型设置为中等，"细分"和"插值采样"值分别设置为50、20，如下右图所示。

步骤 07 单击GI选项卡，在"灯光缓存"卷展栏中设置"细分"和"采样大小"的参数值，如下左图所示。

步骤 08 在主工具栏中单击"渲染帧窗口"按钮，打开渲染帧窗口，单击"渲染"按钮，对场景进行渲染，结果如下右图所示。

Chapter 10 室外建筑的表现

本章概述

本章将介绍使用3ds Max进行室外建筑模型的创建、摄影机的创建、室外灯光的布置及建筑物材质的设计等操作。此外，用户还可以根据需要添加园林植物元素来为室外场景配景，增加场景的真实感。

核心知识点

① 掌握CAD图纸的导入方法
② 掌握创建三维实体的方法
③ 掌握摄影机的创建方法
④ 掌握灯光的布置方法
⑤ 掌握材质的设计方法

10.1 模型的创建

室外建筑的表现遵循一定的工作流程，模型的创建是工作流程中的第一步。在模型创建过程中，室外建筑可以参考外部文件进行精确建模，也可以合并共享模型丰富场景。

10.1.1 导入外部图纸

用户可以依据CAD图纸创建建筑模型，在导入CAD图纸前需要在AutoCAD中对图纸进行相应的处理，方便3ds Max的调用，下面具体介绍在3ds Max中导入和变换CAD图纸的操作方法。

步骤01 打开3ds Max应用程序，在菜单栏中执行"自定义>单位设置"命令，将"系统单位设置"对话框中的系统单位设置为"毫米"。在"单位设置"对话框中，将显示单位设置为"厘米"，如下左图所示。

步骤02 单击"应用程序"按钮，执行"导入>合并"命令，如下右图所示。

 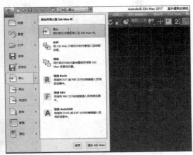

步骤03 在打开的对话框，确认"文件类型"为"所有文件"，选择要导入的"CAD_01.dwg"文件，单击"打开"按钮，如下左图所示。

步骤04 在打开的导入选项对话框中，保持默认设置，单击"确定"按钮，如下右图所示。

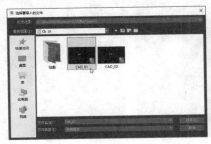 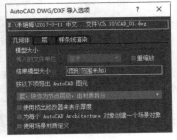

步骤 05 按下Ctrl+A组合键，选中所有导入的CAD图纸对象，在菜单栏中执行"组>组"命令，在弹出的"组"对话框中对组进行命名，单击"确定"按钮，如下左图所示。

步骤 06 使用选择并移动工具，在界面下方的状态栏中右击X、Y和Z数值框右侧的微调按钮，将图纸位置归零，如下右图所示。

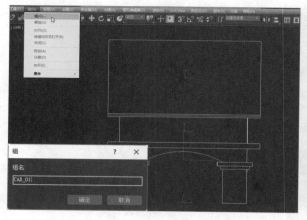
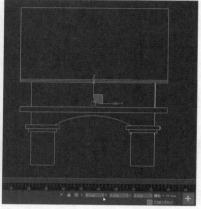

步骤 07 选择创建好的组，打开"修改"面板，单击组名称后的颜色按钮，如下左图所示。

步骤 08 在打开的"对象颜色"对话框中，选择3ds Max调色板中的所需色块，单击"确定"按钮，即可为组对象设置统一的颜色，如下右图所示。

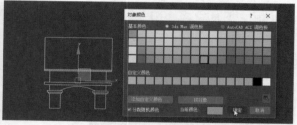

步骤 09 单击鼠标右键，在弹出的快捷菜单中选择"对象属性"命令，如下左图所示。

步骤 10 在打开的"对象属性"对话框中，取消勾选"以灰色显示冻结对象"复选框，单击"确定"按钮，如下右图所示。

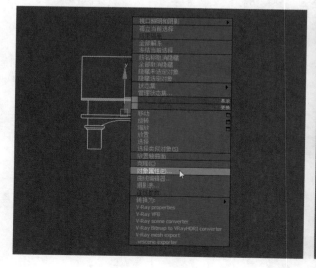

步骤 11 右击主工具栏中的"捕捉开关"按钮，将"角度"值设置为45，使用选择并旋转工具将图纸变换至平行于左视图，如下左图所示。

步骤 12 单击鼠标右键，在弹出的快捷菜单中选择"冻结当前选择"命令，暂时将其冻结，如下右图所示。

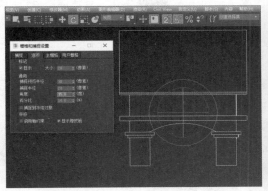
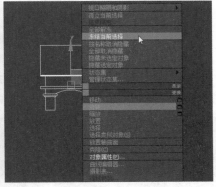

步骤 13 接着将"CAD_02.dwg"文件导入3ds Max中并进行相应操作，与"CAD_01.dwg"图形在顶视图中的位置如下左图所示。

步骤 14 单击鼠标右键，执行全部取消冻结操作。选中两组对象，在前视图中将两者在Y轴上的位置设置为0，结果如下右图所示。

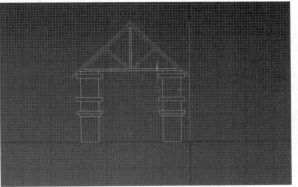

步骤 15 最终两个组对象在透视图中的位置如下左图所示，再次单击鼠标右键，执行"冻结当前选择"命令，将两组对象冻结。

步骤 16 在主工具栏中右击"捕捉开关"按钮，打开"栅格和捕捉设置"面板，勾选"捕捉到冻结对象"和"启用轴约束"复选框，如下右图所示。

10.1.2 模型的创建

将CAD图纸导入3ds Max中后，用户可以使用样条线工具，利用"挤出"和"倒角剖面"修改器将二维图形转换为三维对象。在模型的创建中，用户应学会利用A、S、F5和F6等快捷键进行对象、X或Y轴的捕捉等操作。

步骤 01 单击"创建"面板中的"图形"按钮，使用线工具，打开捕捉开关，由下至上画出如下左图所示的样条线。

步骤 02 使用矩形工具，在顶视图中画一个矩形并右击，将其转换为可编辑样条线。进入"顶点"子对象层级，在多个视图中调节顶点位置，如下右图所示。

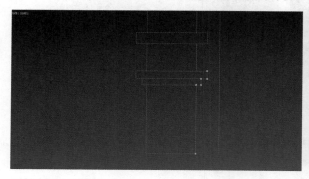 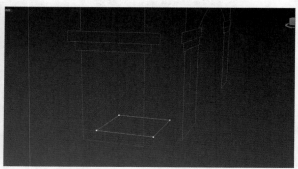

步骤 03 选择创建的矩形，在"修改"面板中为其添加一个"倒角剖面"修改器，使用"经典"模式，单击"拾取剖面"按钮，拾取之前画的线，如下左图所示。

步骤 04 在左视图中使用线工具，画出下右图所示的样条线。

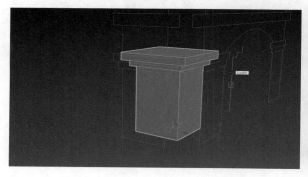 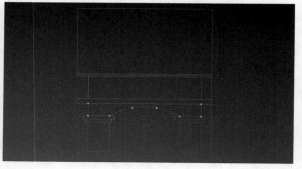

步骤 05 选择该样条线，在"修改"面板中为其添加一个"基础"修改器，将其转换为可编辑多边形，在前视图中调节其位置和宽度，如下左图所示。

步骤 06 按上述步骤，画出其他对象，各对象在前视图和左视图中的位置如下右图所示。

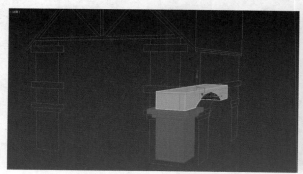 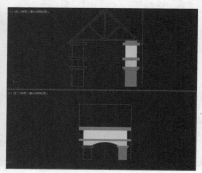

步骤 07 选择最初创建的倒角剖面对象，切换至左视图中，在开启"捕捉开关"的基础上，按下F5键后，按住Shift键的同时使用选择并移动工具按下左图所示复制出另一个对象。

步骤 08 将视口切换至前视图中，选择下右图所示的多个对象，进行移动复制。

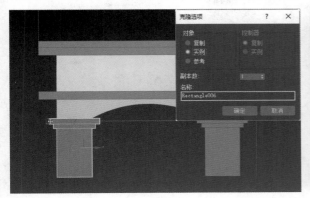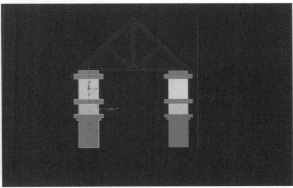

步骤 09 单击"创建"面板中的"图形"按钮，使用线工具，打开捕捉开关后，画出如下左图所示的样条线。

步骤 10 在"修改"面板中，展开"渲染"卷展栏，勾选"在渲染/视口中启用"复选框，单击"矩形"单选按钮，按下右图所示参数设置矩形的长宽值。

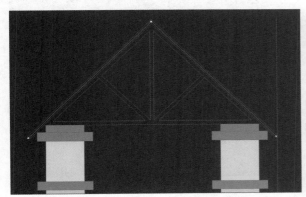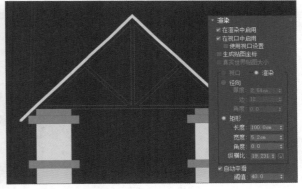

步骤 11 在可渲染线上右击，执行"转换为>转换为可编辑多边形"命令，如下左图所示。

步骤 12 进入"顶点"子对象层级，在左视图中按下右图所示位置移动点。

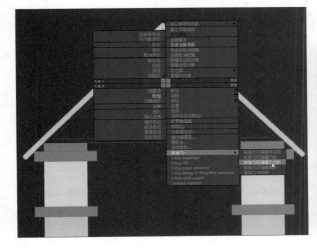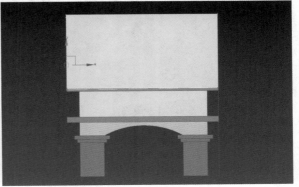

步骤13 按上述方法，依照参考图纸，创建如下左图所示的对象。

步骤14 按下Shift+G组合键，隐藏几何体对象，使用线工具，在弹出的对话框中单击"是"按钮，创建下右图所示的闭合三角形样条线。

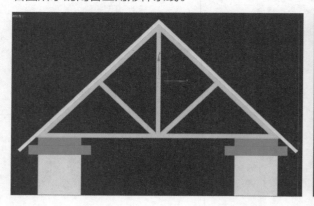

步骤15 在"修改"面板中进入"样条线"子对象层级，选择整个样条线，在"几何体"卷展栏中单击"轮廓"按钮，进行相应操作，如下左图所示。

步骤16 选择外圈的样条线，按下Delete键，将其删除，如下右图所示。

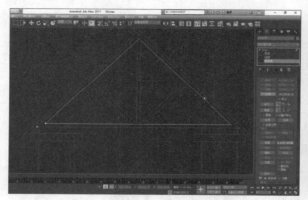
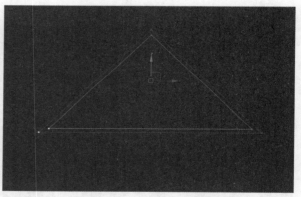

步骤17 选择所得的样条线，在"修改"面板中为其添加一个"挤出"修改器，设置基础的"数量"值为0.2cm，如下左图所示。

步骤18 对对象进行约束复制，最终结果如下右图所示。

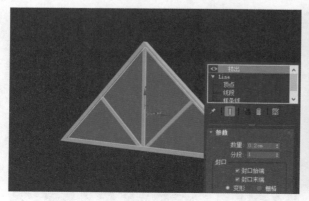
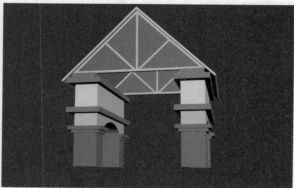

10.1.3　模型的合并

通过上述操作，相信用户已掌握模型创建的技能，接着可以举一反三，做出更复杂的建筑模型，这里就不一一介绍了，下面介绍将建筑模型合并到场景中的操作方法。

步骤 01 按下Ctrl+A组合键，选中所有对象，单击命令面板中的"层次"按钮，打开"层次"面板，单击"仅影响轴"按钮后，单击"居中到对象"按钮，如下左图所示。

步骤 02 再次单击"仅影响轴"按钮，退出轴的调整。单击鼠标右键，将所有对象转换为可编辑多边形，如下右图所示。

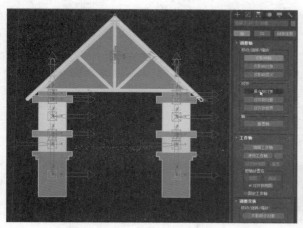 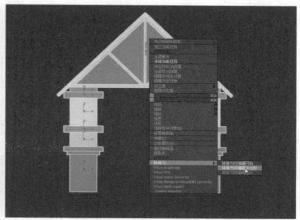

步骤 03 选择如下左图所示的多个对象，按下Alt+Q组合键，对其执行孤立操作，选择其中的一个对象，在"编辑几何体"卷展栏中单击"附加列表"按钮，如下左图所示。

步骤 04 在打开的"附加列表"对话框中，选择所有孤立出的对象，单击"附加"按钮完成附加操作，如下右图所示。

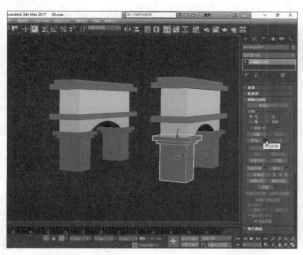 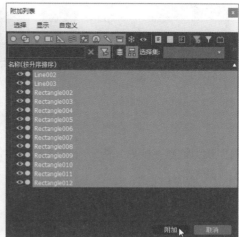

步骤 05 执行附加操作后，孤立出的多个对象已被附加为一个对象，在界面下方的状态栏中单击"孤立当前选择切换"按钮，退出孤立模式，如下左图所示。

步骤 06 然后对其他对象也执行相应的附加操作，按下Ctrl+A组合键，将所有对象成组，并为该组命名，如下右图所示。

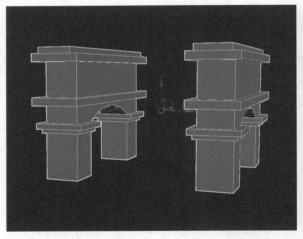
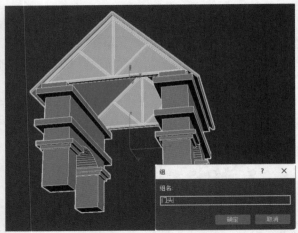

步骤 07 单击"应用程序"按钮，执行"导入>合并"命令，打开合并文件对话框，将建筑主体模型合并到当前场景中，如下左图所示。

步骤 08 按下右图所示，调节导入的建筑主体模型和门头模型之间的位置，并进行保存操作。

10.2 摄影机的创建

主体模型创建完成后，用户还需为模型添加地面和天空球，然后再选择合适的角度创建一个摄影机来表现室外建筑物。

步骤 01 在"创建"面板中单击"几何体"按钮，在"标准几何体"中使用平面工具，创建如右图所示的平面，并将建筑物的最低点置于零平面上。

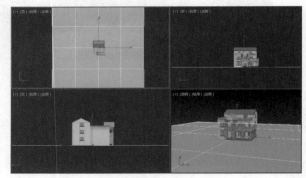

步骤 02 在"创建"面板中，单击"球体"工具按钮，创建如下图所示的球体。

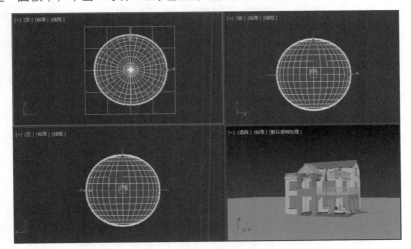

步骤 03 将球体对象转换为可编辑对象，进入"多边形"子对象层级，删除如下左图所示的多边形。

步骤 04 按下Ctrl+A组合键，选中所有剩余多边形并右击，执行"反转法线"命令，如下右图所示。

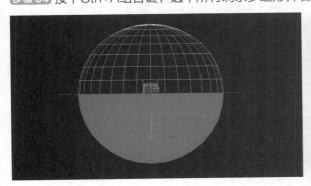
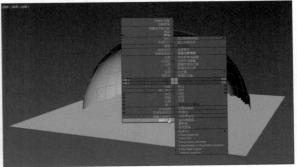

步骤 05 在半球对象上再次右击，执行"对象属性"命令，在打开的对话框中取消勾选"接收阴影"和"投射阴影"复选框，如下左图所示。

步骤 06 在"创建"面板中单击"摄影机"按钮，使用"标准"摄影机创建如下右图所示的摄影机。

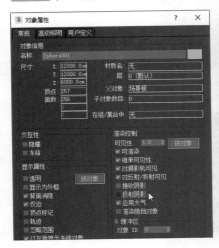
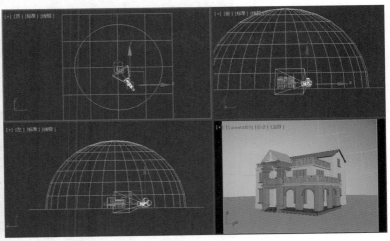

10.3 灯光布置

摄影机创建完成后，需要为添加常见照明灯光来模拟室外阳光系统。此外，灯光需与环境光配合使用才能达到较为理想的效果。

步骤 01 按下F10键，打开"渲染设置"面板，将渲染器指定为VRay渲染器，单击V-Ray选项卡，在"环境"卷展栏中勾选"全局照明（GI）环境光"复选框，如下左图所示。

步骤 02 单击GI选项卡，按下右图所示设置首次引擎和二次引擎参数。

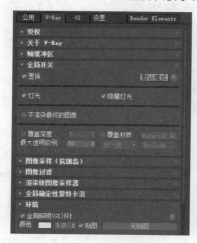 

步骤 03 在"创建"面板中单击"灯光"按钮，使用 "目标平行光"在顶视图中创建灯光，如下图所示。

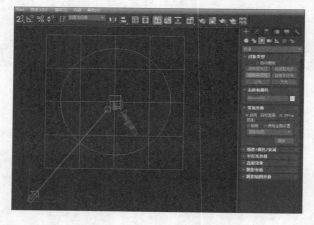

步骤 04 在左视图中调节灯光的位置，并在"平行光参数"卷展栏中设置光束区域，效果如下图所示。

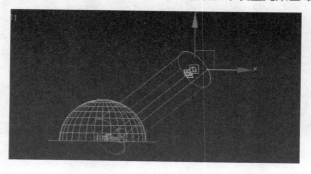

步骤 05 展开"常规参数"卷展栏，在"阴影"选项组中勾选"启用"复选框，设置阴影类型为VRay-Shadow，如下左图所示。

步骤 06 展开"强度/颜色/衰减"卷展栏，按下右图所示设置灯光强度和颜色。

步骤 07 按下F10键打开"渲染设置"面板，在V-Ray选项卡中展开"全局开关"卷展栏，勾选"覆盖材质"复选框，单击其后的通道按钮，为覆盖材质指定一个VRayMtl，如下左图所示。

步骤 08 按住添加的覆盖材质按钮，拖动到"材质编辑器"面板中的材质球上，在弹出的对话框中选择"实例"选项，单击"漫反射"后的颜色按钮，按下右图所示设置漫反射颜色。

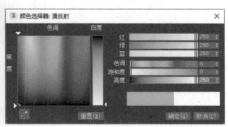

步骤 09 展开"贴图"卷展栏，单击"漫反射"后的贴图通道按钮，为其添加一个VRayEdgesTex贴图类型，按下左图设置该贴图的颜色。

步骤 10 单击主工具栏中的"渲染帧窗口"按钮，在打开的渲染帧窗口中单击"渲染"按钮，对场景中的模型、灯光等进行渲染测试，测试模型是否有问题，并找到合适的灯光角度，如下右图所示。

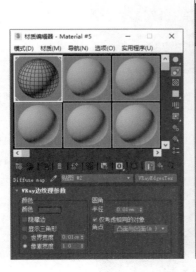
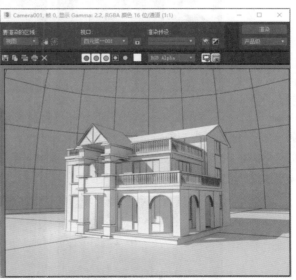

10.4 材质设计

在3ds Max中创建模型时，系统会自动为模型设定一个随机的对象颜色，该颜色无论是质感还是纹理都不符合现实世界的多样性，这时用户需要自定义为对象设计合适的材质，并赋予对象。

步骤 01 打开材质编辑器面板，选择一个材质球，将其命名为"天空球"，材质类型为标准类型，在"漫反射"通道添加一张天空贴图，并将"自发光"值设置为100，将该材质赋予天空球对象，如下左图所示。

步骤 02 选择另一个材质球，将其命名为"地面"，材质类型设置为标准类型，在"漫反射"通道上添加一张草地贴图，并将其指定给地面平面，如下右图所示。

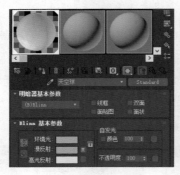 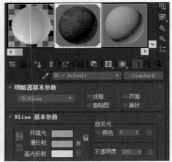

步骤 03 选择一个材质球，将其命名为"墙面01"，材质类型设置为VRayMtl，在"漫反射"通道上添加一张位图贴图，按下左图所示设置"反射"的相关参数。

步骤 04 展开"墙面01"材质的"贴图"卷展栏，将"漫反射"通道上的贴图复制到"凹凸"通道上，并将凹凸值设置为10，将材质指定给墙面模型，如下右图所示。

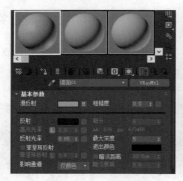 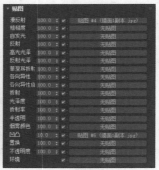

步骤 05 选择一个材质球，将其命名为"玻璃"，材质类型设置为标准类型，按下左图所示设置"漫反射"颜色、"反射高光"选项组中的参数，如下左图所示。

步骤 06 展开"玻璃"材质的"贴图"卷展栏，在"反射"通道上添加一个VRayMap材质，将反射值设置为60，将材质指定给玻璃模型，如下右图所示。

步骤 07 选择一个材质球，将其命名为"墙面02"，将材质类型设置为标准类型，在"漫反射"通道上添加一张位图贴图，如下左图所示。

步骤 08 展开"墙面02"材质的"贴图"卷展栏，将"漫反射"通道上的贴图复制到"凹凸"通道上，并将凹凸值设置为50，如下右图所示。

步骤 09 将"墙面02"材质指定给下左图所示的对象，在"修改"面板中为其添加一个"UVW 贴图"修改器，并设置该修改器中的相应参数，如下左图所示。

步骤 10 用户可以使用已保存在材质库中的材质，为场景中其余对象指定材质。打开"材质/贴图浏览器"面板，选择"打开材质库"选项，如下右图所示。

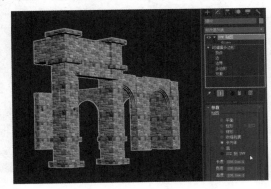 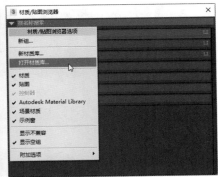

步骤 11 在打开的"导入材质库"对话框中，选择"室外建筑.mat"选项，单击"打开"按钮，如下左图所示。

步骤 12 此时"材质/贴图浏览器"面板中会出现"室外建筑"材质卷展栏，如下右图所示。按住相应的材质并拖动到材质编辑器的材质球上。

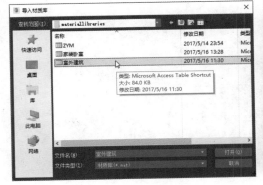

步骤13 用户可以从"室外建筑"材质库中拖动复制到示例窗中的"瓦片"材质指定给屋顶模型，并为该模型添加"UVW 贴图"修改器，调节修改器的相应参数，如下左图所示。

步骤14 按上述方法为其余模型赋予材质，最终结果如下右图所示。

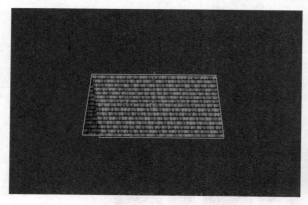 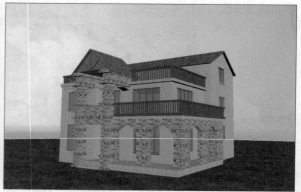

步骤15 单击"应用程序"按钮，执行"导入>合并"命令，如下左图所示。

步骤16 在打开的"合并文件"对话框中，选择"植物.max"文件，单击"打开"按钮，如下右图所示。

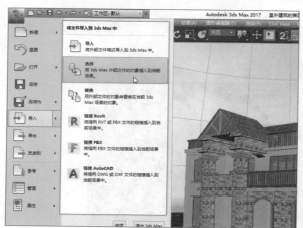 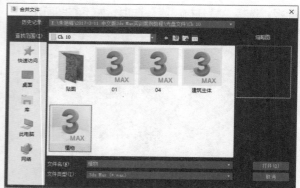

步骤17 在打开的"合并"对话框中，选择所有对象，单击"确定"按钮，如下左图所示。

步骤18 完成合并操作后的场景效果，如下右图所示。

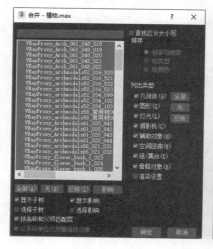 

10.5　渲染输出设置

在室外建筑场景表现的工作流程中，常常需要对场景中的灯光、材质进行反复渲染测试，以期达到较为理想的效果，而最终的目的就是进行最终的渲染输出，下面详细进行介绍。

步骤 01 在"公用"选项卡中展开"公用参数"卷展栏，按下左图所示设置"输出大小"选项组中的参数。

步骤 02 在"公用参数"卷展栏中的"渲染输出"选项组中设置图像名称、类型和保存位置等参数，如下右图所示。

步骤 03 在V-Ray选项卡中设置"图像采样（抗锯齿）"和"图像过滤"卷展栏中的相关参数，如下左图所示。

步骤 04 设置V-Ray选项卡中"全局确定性蒙特卡洛"和"颜色贴图"卷展栏中的相关参数，如下右图所示。

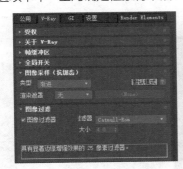 

步骤 05 单击GI选项卡，展开"发光图"卷展栏，将"当前预设"类型设置为中等模式，在"灯光缓存"卷展栏中将"细分"值设为1000，"采样大小"值设置为0.02，如下左图所示。

步骤 06 打开渲染帧窗口，单击"渲染"按钮，对场景进行渲染输出，如下右图所示。后期用户还可以对渲染输出的图像进行校色等处理。

Chapter 11 秋千动画的制作

本章概述

本章将介绍使用3ds Max中的"自动关键点"动画模式,进行秋千动画的制作。用户可以将秋千座链接到秋千链子上,在它们之间建立链接父子关系,变换目标对象链子即可控制秋千座状态。最后在曲线编辑器中设置曲线超出范围类型,即可完成动画制作。

核心知识点

① 掌握对象轴心点的设置
② 掌握链接约束的创建
③ 掌握"自动关键点"动画制作
④ 学会使用曲线编辑器
⑤ 了解参数曲线超出范围类型

11.1 创建链接约束

在为秋千设置关键帧之前,首先要在秋千座和秋千链子之间创建链接约束,从而达到旋转秋千链子的同时,控制秋千座的旋转状态。

步骤 01 打开随书配套光盘中的"秋千动画.max"文件,观察场景中的对象关系,如下左图所示。

步骤 02 按下H键打开"从场景选择"对话框,选择"链子"选项,单击"确定"按钮,如下右图所示。

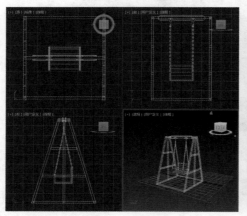

步骤 03 在命令面板中单击"层次"选项卡,在打开的"层次"面板中单击"仅影响轴"按钮,如下左图所示。

步骤 04 在视口中将"链子"的轴点移动到下右图所示位置,再次单击"仅影响轴"按钮退出编辑状态。

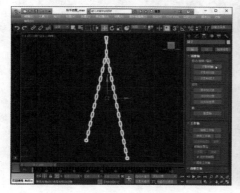
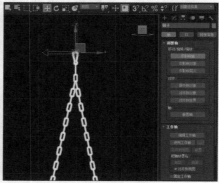

步骤 05 选择"秋千座"对象，单击主工具栏中的"选择并链接"按钮，如下左图所示。

步骤 06 按住鼠标左键从"秋千座"拖至"链子"对象上后松开鼠标，按下W键退出链接操作，如下右图所示。

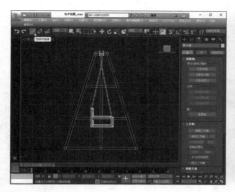 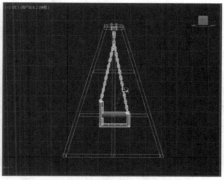

11.2　创建关键帧

接下来使用"自动关键点"模式制作秋千动画，并分析动画运动状态，可以得知只需在秋千旋转过程中的两个极值状态处设置关键帧的结论，并设置关键帧。

步骤 01 右击主工具栏中的"捕捉开关"按钮，在"选项"面板中将"角度"值设为25，如下左图所示。

步骤 02 单击界面下方的"自动关键点"按钮，打开自动关键点模式，如下右图所示。

 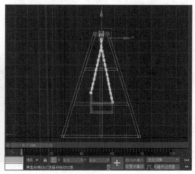

步骤 03 在左视图中按下E键，使用选择并旋转工具向右旋转"链子"对象25度，如下左图所示。

步骤 04 拖动时间滑块至20帧上，将"链子"对象向左旋转50度，并退出"自动关键点"模式，如下右图所示。

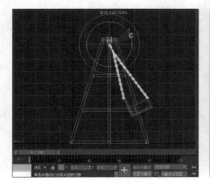 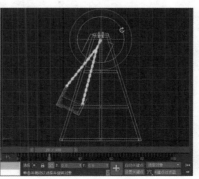

11.3 创建"往复"动画

设置两个极值关键帧后，播放动画时可以发现秋千动画没有达到前后反复摇荡的状态，这时用户可以利用曲线编辑器面板中的"参数曲线超出范围类型"来设置动画的"往复"效果。

步骤 01 单击主工具栏中的"曲线编辑器"按钮，如下左图所示。

步骤 02 在弹出的"轨迹视图 – 曲线编辑器"面板中，选择X、Y、Z轴的3个变换曲线，如下右图所示。

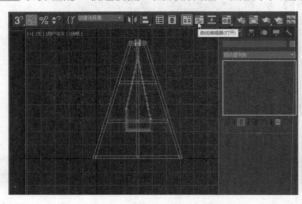 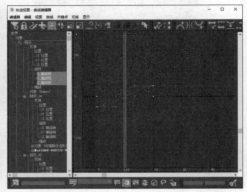

步骤 03 单击工具栏中的"参数曲线超出范围类型"按钮，如下左图所示。

步骤 04 在打开的对话框中将超出范围类型设置为"往复"，如下右图所示。

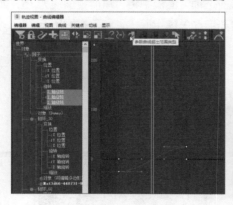 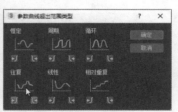

步骤 05 此时面板中的曲线形状发生改变，会向左右自动延伸生成与关键帧范围内相同的虚线曲线，如下左图所示。

步骤 06 返回视口，单击"播放动画"按钮，预览动画效果，如下右图所示。

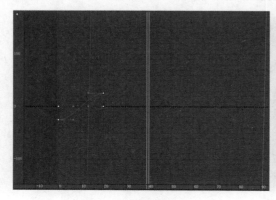